JOSEFA HALBINGER
Jahrgang 1900

Lebensgeschichte eines Münchner Arbeiterkindes,
nach Tonbandaufzeichnungen zusammengestellt und niedergeschrieben

von
Carlamaria Heim

Obalski & Astor

1. Auflage August 1980
2. Auflage Februar 1981
3. Auflage November 1981
4. Auflage Dezember 1982

Herstellung: Offsetdruck Hablitzel Dachau

Printed in Germany
ISBN 3-922645-02-X

Ich wollte dein junges Leben
Es wär ein einzig Gebet
Ein einziges Himmelsstreben
Vom Zauber der Unschuld umweht!
Ich wollte dein Abend zum Sterben
Der wäre so friedlich und klar
Wie einstens dein Himmelwerben
Am Morgen der Kindheit war.

Zur Erinnerung

von deiner ehem. Mitschülerin
Hildegard Laudenbach.

München, den 15. Sept. 1916.

Aus dem Poesiealbum der Josefa Halbinger

Tauf-Schein.

Im Jahre eintausend ~~neun~~hundert (1900)

den 6 ten Januar wurde in Erching, B.A. Freising geboren

und am 7 ten Januar in der Kirche Hallbergmoos

nach katholischem Ritus getauft

Josepha

ehel. Tochter des Maurers Theodor Halbinger

und dessen Ehefrau Anna, geb. Obstmeier.

Ex fidem extracte

Hallbergmoos den 13. Mai 1909.

Das kath. Pfarramt-Vicariat Hallbergmoos.

Lengauer, Pfarrvikar.

Gebühr 1 M 10 ₰

I. GEBURT ÜBER DEM SAUSTALL EINES BISCHOFS – LAUSIGE KINDHEIT IN HAIDHAUSEN – „PFARRER-PEPPERL“ BEI DEN ENGLISCHEN FRÄULEIN

Also 1900 bin ich geboren. Damals muß noch der Prinzregent regiert haben, der Luitpold.

Mein Vater war Maurer. Dem ist damals das Angebot gemacht worden nach Erching ans Schloßgut vom Bischof zu gehen, als sogenannter Hausmaurer. Da hat er gemeint wunder was er hat, weil er da eine Wohnung gehabt hat und alles dabei.

Hin sinds vor meiner Geburt, das muß 1899 gewesen sein. Damals hat die Isar das arge Hochwasser gehabt. Da sind in München zwei Brücken eingestürzt. Die Leut haben noch lang davon geredet.

Da haben sie also im Schloßgut gewohnt. Oben war eine Wohnung und unten der Saustall. Und da bin ich auf die Welt kommen, überm Saustall, im Januar 1900 an Dreikönig.

Meine Mutter hat keine Muttermilch gehabt, und sie hat auch nicht genügend Milch kriegt vom Schloßgut. Laden war ja da keiner. Dabei war das doch ein riesiges Gut. So hat mich die Mutter mit Malzkaffe aufgezogen. Den hats in die Ludlflaschen, so hat man damals die Milchflaschen für die kleinen Kinder geheißen. Da ist ein Korken oben drin gewesen, und durch den ist ein Schlauch gangen, und da drauf ist der Dietzel* gesteckt.

Später hat mir der Vater einmal Bier in die Ludlflaschen und hat sich recht gefreut, weil ich gleich fest gezogen hab. Er hat gesagt: „Das wird ein echtes Münchner Kindl“.

Sehr lang waren meine Leut nicht in Erching, es hat ihnen gar nicht gefallen dort. Wie's wieder nach München sind, hab ich noch nicht laufen können, ich hab 's Laufen erst in München gelernt. Da haben sie so ein offenes Pferdefuhrwerk gehabt, und damit ist der Vater mit den Möbeln

*Schnuller

nach München. Die Mutter hat mich im Kinderwagerl gehabt und ist zu Fuß gegangen, das werden so dreißig Kilometer gewesen sein.

Eine Schwester hab ich auch gehabt, die Julie. Die war damals neun Jahr alt. Ob die auch mit der Mutter gangen ist, oder mit dem Vater auf dem Pferdefuhrwerk gefahren ist, das weiß ich nicht.

Wir haben dann in Haidhausen eine Wohnung gefunden, erst in der Einsteinstraße, damals hat sie noch Äußere Wienerstraße geheißen, und später in der Berg-am-Laim-Straße. Wir haben ein Zimmer gehabt und eine Küche. Ein Bett ist in der Küche gestanden, da hat meine Schwester geschlafen, und zwei Betten waren im Schlafzimmer, da hab ich in der Mitte zwischen meinen Eltern geschlafen, auf der Besuchsritze. Das war völlig normal damals für Arbeiter. Daß Kinder ein eigenes Bett oder sogar ein eigenes Zimmer haben, oder daß man ein Wohnzimmer hat, das hat es damals noch nicht gegeben bei Arbeitern.

Mein Vater war ein Sozi, jedenfalls was mir die Mutter später erzählt hat. Sie war ja ganz katholisch. Aber er hat damals schon die „Münchner Post"* gelesen, das war schon vor dem Ersten Weltkrieg. Unter den Arbeitern hats schon mehr Sozi geben, aber die sind schief angeschaut worden: „Das ist ja ein Sozi, was willst denn von dem?" Viele waren auch in den Christlichen Arbeitervereinen.

Der Vater hat den Beruf nicht lernen dürfen, den er wollt. Er hätt gern Förster werden wollen. Er ist ja auch später immer noch so gern in den Wald gegangen. Er hat eigentlich gar nichts gelernt. Er hat als Hilfsarbeiter gehen müssen am Bau. Damals hat mans Taglöhner geheißen. Die sind pro Tag auszahlt worden. Die haben auch im Winter, wenn sie arbeitslos waren, nichts gekriegt.

Die Mutter hat ihn dann überredet, er soll sich einfach als Maurer ausgeben. Und das hat er dann gemacht. Er ist weggangen von seiner Baustell, hat an einer anderen angefangen und hat gesagt, er ist Maurer, und ist als Maurer eingestellt worden. Papiere sind da nicht verlangt worden.

Dann hat er da eine Weile gearbeitet. Dann hat ihn der Polier runtergerufen vom Bau und hat gesagt: „Du, paß einmal auf, du bist gar kein Maurer." Dann ist der Vater furchtbar erschrocken und hat's wohl oder übel zugeben müssen. Dann hat der Polier gesagt: „Das macht nichts, du bist geschickt, das hab ich schon gespannt. Schaust mir zu, ich zeig dir's, wie du's machen mußt. Du hast das bald heraus." Und dann ist er

* Zeitung der Sozialdemokraten

tatsächlich von da an Maurer gewesen und hat sich dann sogar vorgearbeitet zum Fassadenmaurer.

Mit meinem Vater hab ich mich sehr gut verstanden, der ist sehr an mir gehängt. Mit meiner Schwester Julie hat er gar nichts anfangen können, die war ihm zu fromm.

Wie meine Leut noch in Erching waren, da hat die Julie in Neufahrn in die Dorfschule gehen müssen, so eine, wo alle Klassen beieinand sind. Das hat meinen Leuten gar nicht gepaßt. Dann wollts die Mutter nach Freising in die Klosterschule geben. Da hat aber mein Vater gesagt: „Kommt gar nicht in Frage. Wenn wir die ins Kloster tun, die bleibt am End noch drin." Der hats kennt, gell.

Mein Vater ist immer mit dem Radl in Wald gefahren. Die Mutter und die Julie, keine ist mit. Aber mich hat er immer mitgenommen. Da hat er einen Sattel angebracht gehabt auf der Lenkstange und da hat er mich immer naufgesetzt. Und ich bin mit größter Begeisterung mit.

Wenn wir eingekehrt sind, hab ich gebettelt: „Papa, ein Wurschti!" Dann hab ich halt eine Wurst kriegt. Und wenn ich eine Musik gehört hab, hab ich zu tanzen angefangen. Dann haben die anderen Männer gesagt: „Auf dein Pepperl darfst aufpassen, wenns einmal groß ist!" Das hat ihm sehr imponiert.

Mich habens als Kind Pepperl genannt. Da haben dann die anderen Kinder gerufen: „Pepperl Schneewepperl, steigst auffi aufs Steckerl, 's Steckerl bricht a, 's Schneewepperl fallt ra!" Da bin ich immer fuchsteufelswild worden.

Als Kind, fünf Jahr werd ich da gewesen sein, da hab ich mir einfach einen Krug genommen und bin zum Wirt gangen und hab gesagt: „Ein Quackerl Bier, der Papa zahlt's schon!" Und der Wirt hat gelacht und hat mir ein Quartel Bier geben. Dann hat er's aber am Abend dem Papa erzählt. Der hat auch gelacht, aber er hat's mir verboten. Gemerkt haben die daheim nichts. Ich hab das Bier schön stad im Hausgang austrunken. Nicht weil ich Durst gehabt hab, sondern weil's mir so geschmeckt hat.

Wie ich dann in die Schul kommen bin, da bin ich eigentlich recht gern gangen. Aber Läus hab ich immer heimgebracht von der Schul! Von der Hackl Leni, die ist neben mir gesessen. Die hat so viel Läus gehabt, das weiß ich noch gut: sie hat's Heft aufgeschlagen, und schon krabbelt da im Heft eine Laus. Da hab ich natürlich auch immer welche kriegt von der.

Dann ist meine Mutter einmal ganz narrisch worden. Die ist den ganzen

Tag in die Arbeit gegangen, und wenns am Abend heimkommen ist, hats mir die Läus runterklauben müssen, alle Tag. Und am Wochenend hats mich dann mit Petroleum eingerieben, damits hin werden, die Viecher. Da sind dann die Haar einbunden worden über Nacht, und am andern Tag hat mans runtergewaschen.

Dann ist meine Mutter in die Schul und hat zur Lehrerin gesagt, sie soll mich wegsetzen von der, ich bring immer Läus heim. Dann hat die Lehrerin gesagt: „Ja, wissen Sie, ich muß eine hinsetzen, die sauber gehalten wird. Wenn ich eine andere hinsetz, der sucht die Mutter nicht alle Tag die Läus runter." Und auf das hin war meine Mutter so stolz, daß sie nichts mehr gesagt hat. Da bin ich eben sitzen geblieben neben der Lausigen und hab alle Tag geweint, wenn mir meine Mutter stundenlang den Kopf abgesucht hat. Damals hat's viel Läus geben. Da hat es geheißen: „Ein Kind, das nie Läus hat, ist nicht gesund."

Mein Vater war später an der Residenz, am Königsbau hat er gearbeitet. Da ist er mittags heimgefahren, weils damals noch längere Mittagszeiten gehabt haben und dafür bis auf d'Nacht ziemlich lang gearbeitet.

Einmal wollt er auch wieder mit dem Radl heim zum Essen fahren, und da ist er am Johannisplatz, da bei der Chorherrstraß, direkt in die Vierer neigefahren, weil er gemeint hat, die hält. Das war damals eine Bedarfshaltestelle für die Trambahn. Er ist übers Gleis gefahren, und dabei hat ihn die Vierer erwischt: doppelter Schädelbruch.

Na ja, dann ist die Polizei kommen. Die Mutter war nicht daheim, die hat den ganzen Tag gearbeitet. Soviel ich weiß, wars damals in irgendeinem Restaurant als Spülerin. Meine Schwester war siebzehn und hat als Näherin gearbeitet, aber die war halt auch über Mittag daheim. Ich war acht Jahr. Meine Schwester ist dann gleich nei ins Krankenhaus, dann hat er die Augen aufgemacht, hat sich zur Wand hingedreht und war sofort tot. Reden hat er nimmer können.

Rente hat meine Mutter damals keine kriegt. Es müßt ja schon was geben haben, denn der Bismarck, der hat doch diese Invalidenversicherung eingeführt. Da haben die Leute geschimpft, daß er den Arbeitern das Geld abnimmt, weil sie halt so viel reinzahlen haben müssen. Das haben sie damals noch nicht begriffen, daß das fürs Alter einmal wichtig ist. Vielleicht war mein Vater noch zu jung?

Von andern hab ich dann gehört, die Mutter hätt schon ein paar hundert Mark kriegt vom Unfall. Na ja, da haben wir uns dann eingekleidet, schwarz zur Trauer, gell. Und eine Zeitlang wird es uns da schon besser gangen sein.

Wenn sie sich nachher wo hingewendet hat, dann hat es immer geheißen: „Ihre eine Tochter ist schon groß und mit dem andern Kind müssens schon allein durchkommen.“ Die Mutter ist halt putzen gangen.

Ich bin dann lediglich lehrmittelfrei worden. Aber das war – für mich wenigstens, vielleicht habens andere gar nicht so empfunden – für mich war das sehr deprimierend, weil dann alle gewußt haben, daß wir arm waren.

Meine Schwester war viel krank. Sie hat Bleichsucht gehabt und war auch schon wegen Tuberkulose im Sanatorium gewesen. Der Vater hat auch Tuberkulose gehabt, das habens aber erst bei der Obduktion gemerkt.

Und ein Schwesterl hätt ich auch noch gehabt, das Annerl. Die hab ich aber gar nicht kennt, die ist schon gestorben, bevor ich auf die Welt kommen bin. Die hat die Masern so lang gehabt, und dann hat sie die galoppierende Lungenschwindsucht gekriegt. Die ist mit fünf Jahren gestorben.

Ich bin 1909 ins Kloster kommen. Da hat mich die Mutter rein. Weil: sie war den ganzen Tag beim Putzen und ich war halt recht lebhaft und immer auf der Gassen. Wenns mich eingesperrt haben, bin ich durchs Fenster wieder naus, weil wir doch parterre gewohnt haben.

Fürs Kloster hab ich ein ärztliches Zeugnis bringen müssen. Da habens festgestellt, daß ich unterernährt bin. Da war ich neun Jahr alt.

Ich hab mich aufs Kloster gefreut, weil sie mir daheim erzählt haben, daß es da schön ist und daß man da so viel lernt. Und die „Englischen Fräulein“, das ist ganz was Vornehmes! Gelernt hab ich gern.

Die erste Zeit haben meine Leut für mich zahlt, dann hab ich einen Freiplatz kriegt.

Mir hat's im ganzen schon gefallen im Kloster. Da waren die ersten drei Klassen zusammen in einem Schulzimmer, und die Kinder ab der vierten wieder zusammen. In einer Klasse waren vielleicht zehn Kinder, mehr nicht. Die Lehrerin für die kleine Schule war sehr streng, aber weil ich eine gute Schülerin war, hat sie mich gut leiden können.

Wir haben an den Feiertagen Uniformen gehabt, rehbraun mit schwarzen Krägerln, Chemisetterl, hat man gesagt, und im Winter Hauben und im Sommer Strohhüte!

Die Haar sind uns mit Wasser immer ganz streng hintergekämmt worden, bis wir alle gleich ausgeschaut haben. Ich hab manchmal geweint, wenns mich gar so gerupft haben, weil ich doch so starke Locken gehabt hab. Aber die habens geschafft, daß ich am End auch ganz glatt geschleckt war.

Bei der Prozession früher, da war ich den anderen Kindern immer neidig. Denen sind am Abend vorher ganz viele winzig kleine Zöpferl geflochten worden und mit Bier eingerieben, damit sie ja fest pappen. Dann sind die Zöpferl am anderen Tag aufgemacht worden, und dann haben sie bei der Prozession eine ganz stark gekrauste Mähne gehabt, und das hab ich wunderschön gefunden. Meine Mutter hat mit meinen Locken gar nichts gemacht.

Also im Kloster ist eigentlich kein Unterschied gemacht worden, ob die Kinder reich oder arm waren. Es müssen aber schon reiche dabei gewesen sein. Manche haben Pakete bekommen. Die sind dann ins Sprechzimmer gerufen worden. Da ist dann in Gegenwart von den Kindern das Paket aufgemacht worden, damit sie sehen, was drin ist. Wenn ein Schoklad drin war, den hat die Oberin behalten, den haben die Kinder nie gekriegt. Da ist dann einmal an einem Sonntagnachmittag zum Goûter ein Schokladkaffee für alle gekocht worden, wenn genug Tafeln beieinander waren. „Goûter", das war halt die Brotzeit. Sonst haben wir einen Malzkaffee kriegt.

Das andere, was in den Paketen drin war, das haben die Kinder nach und nach schon gekriegt, also wenn wir halt am Nachmittag ein Stück Brot kriegt haben, dann haben die einen Kuchen oder was halt im Packl war, bekommen.

Manche haben viel Besuch kriegt. Aber eine, die ist mit sechs Jahren hinkommen und hat zehn Jahre keinen Besuch kriegt. Wie sie sechzehn war, hat sie der Vater auf einmal abgeholt, ohne Voranmeldung.

Mindestens viermal in der Woche haben wir Religionsunterricht gehabt, und alle Nachmittage beim Handarbeiten haben wir Rosenkranz beten müssen. Also unser Unterricht war hauptsächlich handarbeiten und beten.

Wie ich Erstkommunion gehabt hab, ist meine Mutter zu Besuch kommen. Da hat sie mich mitnehmen und über Nacht mit mir ausbleiben dürfen. Sie ist mit mir nach Altötting, in den berühmten Wallfahrtsort. Das war gleich in der Näh vom Kloster, wir waren in Neuötting. Wir sind in Altötting über Nacht geblieben. Da waren wir mit noch einer Mutter und einem Kind, das auch bei uns im Kloster war, in einem Zimmer. Da haben wir zu viert in zwei Betten geschlafen.

Und da hab ich mich halt mit meiner Mutter unterhalten. Ich hab sie ja nicht mehr gesehen gehabt, seit ich im Kloster war, das war genau ein Jahr. Dann hat mich die andere bei der Oberin verklagt, daß ich die ganze Zeit geredet hätt.

Von da ab hat mich die Oberin schikaniert. Ich hab allein an einem Tisch essen müssen und in der Schul hab ich extra ein Bankerl gekriegt. Da bin ich behandelt worden wie eine Aussätzige.

Der Pfarrer hat mich recht gern mögen. Und der hat dann, wie ich nach vierzehn Tagen immer noch allein gesessen bin, zur Oberin gesagt: „Jetzt wenn ich wiederkomm und seh das Mädel immer noch da sitzen, dann hat's aber was!" Dann bin ich augenblicklich auf meinen Platz zurückkommen.

Bei der Firmung hat die Schwester vom Pfarrer meine Firmpatin gemacht. Da ist's mir schon recht gut gangen. Und nachher, wenn einmal was zum Pfarrer hat gebracht werden müssen, dann hat er immer verlangt, daß' mich schicken. Dann habens mich von da ab nur noch das „Pfarrerpepperl" geheißen. Der hat mich immer ganz groß bewirtet. Ich hab mich immer furchtbar gefreut, wenn ich da hingehen hab dürfen.

Im ersten Schlafsaal, bei der kleinen Schule, da war die Schwester Elisabeth. „Kleine Schule", weil da die Kleinen waren, von der ersten bis zur dritten Klasse. Bei der haben wir die Hände nicht unter die Bettdecke tun dürfen, weil – ich weiß nicht, meines Erachtens hat die da schlechte Gedanken gehabt. Wir haben immer die Hände oben lassen müssen, und da war doch nicht geheizt. Da haben die meisten Kinder im Winter so erfrorene Finger gekriegt, daß sie ihnen aufgesprungen sind und geeitert haben. Furchtbar war das, wie die ausgeschaut haben. Die Schwester hat mehrmals bei der Nacht kontrolliert. Ich weiß nicht, wann die geschlafen hat. Mir ist aber komischerweise nichts passiert.

Gebadet haben wir uns einmal im Jahr, gewaschen halt in der Früh. Da sind ein Haufen Waschschüsseln nebeneinander gestanden, da hat jeder eine eigene gehabt. Aber unten herum haben wir uns nie waschen dürfen, nie. Also den Unterleib haben wir das ganze Jahr nicht gewaschen. Die Füß vielleicht? Das weiß ich nicht mehr. Gesicht und Hände haben wir halt alle Tag gewaschen und die Zähne geputzt.

Wenn wir in die Wanne gesteckt worden sind, haben wir ein Hemd anlassen müssen. Da waren vielleicht drei, vier Wannen nebeneinander gestanden, und da waren überall rundrum Vorhänge. Da ist immer eine andere hintergeführt worden. Das hat ein paar Tage gedauert, das Baden, weil wir ja hundert Kinder waren. Und da waren überall Vorhänge dazwischen, daß wir einander nicht gesehen haben. Und dabei haben wir das Hemd auch noch anlassen müssen.

Schwimmen oder sowas, das hat's ja damals überhaupt noch nicht gegeben, also vor dem ersten Weltkrieg.

Turnen haben wir im Kloster auch keines gehabt, keine Gymnastik oder Spiele im Freien. Aber Reigen haben wir gemacht, das war damals überall so, in den Vereinen, überall sind Reigen getanzt worden.

Und Theater gespielt haben wir. Bubenrollen sind natürlich auch von Mädchen gespielt worden. Da haben wir Kleider angehabt und nur eine Bubenmütze aufgekriegt, daß man merkt, daß man ein Bub ist. Weil, daß Mädchen Hosen anziehen, das hätt's nicht gegeben.

Wie ich elf geworden bin, hätt ich ins „Institut" kommen sollen, das war die höhere Schule. Die wollten mich zur Lehrerin ausbilden. Weil, wenn Kinder schlecht waren in der Klasse, dann hat die Lehrerin immer gesagt, ich soll mich drum kümmern, ich soll mit ihnen im Klaßzimmer bleiben und lernen. Das hab ich aber nicht mögen, weil ich auch spielen wollt. Dann hab ich sie einfach in den Hof gesetzt und mit ihnen Schullehrer gespielt und hab ihnen dabei wirklich alles mögliche beigebracht, was sie wissen haben müssen. Dann sinds auch mitkommen. Daraufhin hätt ich dann einen Freiplatz gekriegt im Institut.

Dabei sind dann die großen Ferien kommen, und da hab ich heim dürfen. Da hat sich dann herausgestellt, daß ich das linke Schulterblatt höher hab und orthopädisch turnen muß.

Das hab ich auch gemacht, zweimal in der Woche. Das hat mir sehr gefallen. Ich bin dann später auch in den Turnverein gegangen.

Wie dann das mit meinem Rücken gut war, hätt mich die Mutter wieder ins Kloster bracht. Dann hab ich so gebettelt: „Ich möcht daheim bleiben, ich möcht daheim bleiben, ich mag nicht mehr ins Kloster!"

Meine Mutter hat mir nämlich vorgesagt, daß, wenn ich im Kloster zur Lehrerin ausgebildet werd, das zahlt ja dann alles das Kloster, dann muß ich auch im Kloster bleiben und Klosterfrau werden. Und drum hab ich so Angst gehabt und nicht mehr mögen, weil ich nicht für ganz im Kloster bleiben wollt.

Meine Schwester, die wollt immer ins Kloster. Einmal hat sie in Tutzing nachgefragt. Und dann hat es geheißen, sie wird nicht genommen, weil sie ein uneheliches Kind ist. Dabei hat ja meine Mutter den Vater nachher geheiratet. Früher haben uneheliche Kinder auch nicht Pfarrer werden können.

Ich bin also daheim blieben und wieder in die Volksschul kommen. Da ist es mir ganz gut gangen, nur im Rechnen waren wir ein ganzes Jahr hintendran. Das hab ich aber schnell aufgeholt.

In der Klasse haben sie am Anfang gemeint, ich bin ein besseres Mädchen, weil ich nach der Schrift gesprochen hab. Wir haben im Kloster kein Wort Dialekt reden dürfen. Und meine Schwester hat mir alles selber genäht, aus Resterln Kleider, jetzt war ich immer gut angezogen. Lediglich Schuhe, da hat es immer gehapert, Schuhe hab ich nie ganze gehabt.

Uns ist's schrecklich dreckig gangen. Wenn meine Leute unter der Woch nicht daheim waren, habens mir ein Zehnerl geben, daß ich mir was zum Essen kauf. Da hab ich mir dann meistens eine Leberknödelsuppe kauft, die hat man kriegt um ein Zehnerl.

Einmal hat's in der Schul geheißen, wir machen einen Maiausflug auf den Taubenberg nauf, und wir sollen uns das selber zusammensparen. Damals hat's in der Sparkasse drinnen so einen Automaten geben, und da hat man ein Zehnerl neischmeißen können, dann hat man eine Zehnerlmarke kriegt. Und da hat man sich ein Kärterl geben lassen müssen, und da hat man die Marken drauf geklebt. Fünf Mark hat man mit so einem Kärterl zusammensparen können, die hat man sich dann bei der Sparkasse auszahlen lassen. So hab ich mir auch das Geld zusammengespart und in der Schul abgeliefert, schon längere Zeit vor dem Ausflug, gell.

Ich bin aber vorher einmal recht krank gewesen und hab mich nicht richtig erholen können. Mei, ohne Arzt bin ich krank gewesen. In einer Krankenkasse waren wir nicht, wenn man einen Arzt wollen hat, hat man auf die Armenhilfe gehen müssen. Aber da sind meine Leut halt nicht hingangen, ich hab halt ohne Arzt wieder gesund werden müssen.

Da hat die Mutter dann gesagt, es wär gut, wenn ich zur Großmutter fahren tät ins Rottal, nicht, und sie kann mir aber das Fahrgeld nicht geben. Hat sie gesagt: „Weißt was, opfer deinen Maiausflug, der ist nur einen Tag, und bei der Großmutter kannst länger bleiben!" Dann hab ich mir in der Schul das Geld wieder geben lassen.

Vor dem Ausflug hat's geheißen, es sind ein paar Kinder da, die haben kein Geld, ihre Eltern sind so arm, die können nicht mitfahren. Aber es sind doch Begüterte in der Klasse, die sollen zusammensteuern, daß die Armen auch mitfahren können. Dann haben sie also zusammengesteuert, und dann hat die Lehrerin die bestimmt, die das Geld kriegen und mitfahren dürfen.

Dann haben die Kinder gesagt: „Ja, wir haben doch noch eine, die nicht mitfahren kann, und wir haben noch genug Geld für sie, das wär doch grad recht, daß die Halbinger auch mitfahren könnt!" Dann hat die Lehrerin gesagt: „Nein, die Halbinger hat das Geld gehabt und hat sich's wieder rauszahlen lassen. Nein, sowas unterstützt man nicht, die darf nicht mitfahren."

Dann war ich die einzige, die nicht mitfahren hat dürfen. Da hab ich so viel geweint daheim und hab gesagt: „Ich darf nicht mitfahren, ich darf nicht mitfahren! Und ich komm doch mein ganzes Leben nicht mehr auf so eine große Fahrt! Mein ganzes Leben kann ich mir das nicht mehr leisten, daß ich auf den Taubenberg komm!" Ich war todunglücklich.

Der Taubenberg, das ist ungefähr 35 Kilometer von München weg.

Dann, bevor die Ferien gekommen sind, haben wir der Großmutter geschrieben. Und nachher hat die geschrieben, sie hat keinen Platz und keine Milch für mich. Dann hab ich da auch nicht hindürfen.

Die fünf Mark sind daheim in Haushalt neigeschustert worden. Dann hab ich gar nichts gehabt, waren die fünf Mark fort, der Maiausflug und die Ferien.

Meine Großmutter hat ein kleines Sachl gehabt mit einer Kuh. Ich bin einmal bei der Großmutter gewesen. Das war, wie mein Vater gestorben ist. Da sind meine Mutter, meine Schwester und ich hingefahren. Ich war damals acht Jahr alt. Na ja, da werden halt meine Leut was mitgebracht haben, da haben sie grad das Geld von dem Unfall gekriegt gehabt. Da haben wir eine Woche dort bleiben können, dann war's aus, dann haben wir nie mehr hindürfen. Mir hat es gut gefallen im Rottal.

Meine Mutter ist dann mit mir nach Pliening als Erntearbeiterin. Da ist es mir schlecht gegangen. Da haben alle aus einer Schüssel gegessen, die Bauern und alle Arbeiter. Da sind wir alle um einen großen Tisch gesessen, da waren ein paar Schüsseln drauf, und da hat jeder neilangen müssen. Und die haben alle so schnell gegessen, da bin ich nicht mitkommen. Ich bin auch gar nicht richtig hinkommen, weil ich viel kleiner war als die anderen. Jetzt bin ich jeden Tag hungrig aufgestanden.

Und dann wollt mich ein Arbeiter vergewaltigen. Ich hab zwar nicht verstanden was er will, aber daß es nichts Gescheites ist. Da war ich zwölf Jahre. Ich hab mich gewehrt und geschrien. Er hat mir untern Rock gelangt.

Da kommt zum Glück der Sohn vom Bauern daher, der hat geschrien: „Was willst denn mit dem Dirnei!" Da hat mich der andere laufen lassen.

Ich hab in der Nacht einen Schüttelfrost kriegt. Meine Mutter ist so erschrocken. Sie hat gesagt: „Kind, was hast denn? Ist dir was passiert?" „Nein, nein!"

Ich hab mich nicht getraut, was zu erzählen. Aber meine Mutter ist sofort mit mir heimgefahren.

Viel später, ich war schon achtzehn Jahr alt, aber den Namen von dem Mann hab ich immer noch gewußt, ist in der Zeitung gestanden, daß der wegen Sittlichkeitsverbrechen verurteilt worden ist. Dann hab ich meiner Mutter den Artikel gezeigt und hab gesagt: „Schau Mama, der hat mich damals vergewaltigen wollen. Wenn nicht der Sohn vom Bauern dazukommen wär, wärs um mich geschehen gewesen."

Ich hab doch über das nicht reden können, vorher. Man ist doch im Kloster und auch sonst so erzogen worden, daß man von sowas nicht redet. Ich hab mich doch so geschämt, ich war doch ganz auseinander.

Und eine Angst hab ich ausgestanden, ich krieg ein Kind! Weil mir eine erzählt gehabt hat, daß man ein Kind kriegt, wenn einen ein Mann küßt. Und der hat mich doch abgeküßt gehabt! Ich hab mir gedacht: „Kein Mensch glaubt mir, daß ich nichts dafür kann; die meinen, ich bin so schlecht, und ich kann doch wirklich nichts dafür, wenn ich ein Kind krieg!"

Ein ganzes Jahr hab ich die Angst mit mir rumgetragen. Dann hab ich doch einmal eine gefragt, wie lang das dauert, das mit dem Kind. Dann hats gesagt: „Neun Monat". Dann hab ich gedacht: „Gott sei Dank! Bei mir ist es ja schon ein Jahr. Jetzt krieg ich doch kein Kind!"

Aufgeklärt bin ich nicht worden, daheim nicht und in der Schul auch nicht. Mir hat einmal eine in der Klaß gesagt: „Die kleinen Kinder kommen aus dem Bauch raus. Da kommt eine Frau und schneidet den Bauch auf." Da hab ich schrecklich Angst davor gehabt. Viel später hat mir dann meine Schwester einmal gesagt, wo sie rauskommen, aber wie sie reinkommen, das hat sie mir natürlich nicht erzählt. Das hab ich dann auch durch andere Kinder erfahren. Das war ein großer Schock für mich. Daheim ist über sowas nicht geredet worden.

Mei, ich war so religiös erzogen. Im Religionsunterricht ist gesagt worden: „Selbst der Gerechte sündigt achtmal am Tage" und lauter solche Sachen. Eine Angst hab ich gehabt! Wenn ich an der Mauer vom alten

Friedhof in unserer Straße vorbeigegangen bin, dann hab ich mir oft gedacht: „Ich wollt ich wär so ein Stein in der Mauer, dann könnt ich wenigstens nicht sündigen!“

Und dann ist gesagt worden: „Wenn ihr einem Engel begegnen würdet und einem Priester, dann müßtet ihr zuerst den Priester grüßen, denn der steht höher, als Stellvertreter Gottes.“

Wir haben zu der Zeit in der Kirchenstraß gewohnt. Da haben wir alle drei miteinander ein Zimmer gehabt, da haben wir gekocht, gegessen und geschlafen. Wir haben zu dritt in zwei Betten geschlafen, ein drittes Bett hätt gar nicht Platz gehabt. Da sind wir dann rausgeschmissen worden, weil wir die Miete nicht haben zahlen können.

Die, denen das Haus gehört hat, das waren die Eltern von einem Geistlichen. Die haben uns dann noch die Nähmaschine gepfändet. Dann hat sich aber meine Mutter erkundigt, und dann hat es geheißen, das dürfen die nicht, weil das meiner Schwester ihr Handwerkszeug ist, die war ja Schneiderin. Dann haben sie die Maschine wieder rausgeben müssen.

Wir sind dann in die Schwaige* gezogen. Da ist dann die Mutter von dem Geistlichen in die Läden gangen und hat überall erzählt, sie sollen meiner Mutter nur ja nichts ohne Geld geben, sie zahlt nicht.

Dann, ich weiß auch nicht mehr, wie das gegangen ist, hat einmal so eine Wohlfahrtspflegerin gemerkt, wie es uns geht. Und die hat es fertig gebracht, daß meine Mutter alle Monat dreißig Mark Zuschuß gekriegt hat. Da sind wir froh gewesen, weil dann sind wir nicht mehr gekündigt worden, weil dann die Mutter davon alle Monat die Miete zahlt hat. Da haben wir dann zwölf Jahr im gleichen Haus gewohnt.

Ich bin immer mit meiner Freundin Anni die Maria-Theresia-Straße auf und abgangen und hab die Villen angeschaut. Wir haben immer gespielt, daß wir da einmal wohnen.

Ich wollt immer was Feineres sein. Als Kind hab ich zu meinem Vater gesagt: „Ich bin einmal nicht so dumm wie die Mama. Ich heirat einmal einen Reichen und geh' auf den Ball und ins Theater.“

Wie ich in der achten Klaß war, bin ich zum ersten Mal ins Theater kommen, da haben wir im Nationaltheater den Wilhelm Tell angeschaut. Das war ein Eindruck! Das kann man gar nicht sagen, das war das Tollste

* Arbeitersiedlung

für mich, was man sich vorstellen kann. Ich glaube mein ganzes Leben war ich von nichts mehr so begeistert.

Später, wie ich schon erwachsen war, da ist die Theatergemeinde gegründet worden, und da war ich dann dabei. Da bin ich einmal im Monat ins Theater kommen. Und einmal, da war ich krank. Dann hab ich die Karte meiner Mutter gegeben. Das waren die „Meistersinger". Sie war da zum ersten Mal im Leben im Theater. Verstanden hat sie nichts, aber gefallen hat es ihr. Das war das einzige Mal in ihrem Leben, daß sie in ein Theater gekommen ist.

II. DER ERSTE WELTKRIEG BRICHT AUS – LEHRJAHRE, DIE KEINE HERRENJAHRE SIND – EIN DOTSCHENWINTER UND EIN TOTER KATER FÜR DEN KÖNIG

Ich bin acht Jahr in die Volksschule gegangen. Vorher hat es nur sieben Schuljahre gegeben, meines war der erste Jahrgang mit acht Pflichtschuljahren. Am Land hat's aber noch länger nur sieben Schuljahre gegeben. Da haben dann viele ihre Kinder gleich nach der siebten Klaß weg aufs Land geschickt zum Arbeiten. Aber mich hat meine Mutter die achte Klaß machen lassen.

In den Sommerferien danach ist dann der Erste Weltkrieg ausbrochen. Vorher war die Thronfolgerermordung. Da waren so Telegramme angeschlagen, daß der österreichische Thronfolger und seine Frau ermordet worden sind. In der Zeitung ist's auch gestanden. Meine Schwester hat gleich gesagt: „Das gibt Krieg."

Man hat schrecklich Mitleid gehabt mit dem armen Kaiser Franz Joseph, wo er doch sowieso so viel mitgemacht gehabt hat. Sein Sohn hat sich doch in Meyerling umgebracht gehabt, seine Frau, die Sissy, habens ermordet, und jetzt noch das! Er ist uns auch immer als so ein braver, menschenfreundlicher und gut katholischer Monarch geschildert worden; hingestellt haben sie ihn wie den lieben Gott persönlich. Selber hat man das ja nicht beurteilen können, ich schon gar nicht. „Der schwergeprüfte Kaiser Franz" hat man gesagt.

Wie dann 1914 der Krieg ausbrochen ist, das war ein Mordsjubel. Da haben sich die Leut gefreut. Die Soldaten sind alle bekränzt worden, und die Leut sind ihnen mit Blumen nachgelaufen. Drüben an der Johanniskirch sinds ausgesegnet worden, bevor sie naus sind ins Feld, und geheißen hat's: „An Weihnachten sind sie alle wieder da!" Und dann hat's bis 1918 gedauert, bis November 1918.

Die Stimmung war ganz toll. Ich weiß noch, wie der Kaiser gesagt hat: „Ich kenne keine Parteien mehr, ich kenne nur noch Deutsche!" Das weiß ich noch so gut.

Sonst war ja Bayern gar nicht so für den Kaiser Wilhelm. Das war nur unser Kriegsherr, der hat uns sonst nix zu sagen gehabt. Wir haben ja unseren eigenen König gehabt, den Ludwig III., den haben die Leut den Millebauern genannt, weil er am liebsten auf seinem Gut in Leutstetten war, und seine Frau, die „kropfert Resl". Das war die, über die wir einmal einen Aufsatz schreiben haben müssen. Da war irgend ein besonderer Anlaß, was, kann ich nimmer sagen. Und da war der König da und der ganze Hofstaat. Und da hat die Lehrerin gesagt, wir sollen schreiben: „Die Königin mit ihrem Schwanenhals saß im Kreise ihrer Töchter". Sie hat uns den Satz genau vorgesagt, und die andern haben ihn auch geschrieben. Und ich hab mir denkt: „Und ich hab die doch gesehen, die hat einen Kropf. Da kann ich doch nicht schreiben Schwanenhals, wenns doch einen Kropf hat!" Ich hab den Satz nicht geschrieben. Dann haben die, die den Satz mit dem Schwanenhals geschrieben haben einen Einser kriegt, und ich hab einen Vierer gekriegt. Was schlechteres als einen Vierer hats damals nicht gegeben.

Die Königin muß eine Österreicherin gewesen sein oder so was. Ich glaub eine Esterhazy.* „Esterhazy, größter Bazi" hat man damals gesagt.

Sonst war das Königshaus nicht unbeliebt, bloß sie, die Königin. Meine Schwester hat im Krieg in der Residenz gearbeitet, für das Militär hat sie genäht. Und da war so eine Luftheizung, und die hat halt nicht naufgereicht bis zum dritten Stock, wo die Nähstuben waren. Da haben die Näherinnen schrecklich gefroren. Dann ist einmal eine von ihnen der Königin begegnet und hat gesagt: „Majestät, wir müssen da oben nähen und frieren so furchtbar." Dann hat die Königin zur Antwort gegeben: „Die Soldaten in den Schützengräben frieren auch." Aber sie hat gewiß nicht gefroren. Der König Ludwig ist alle Tage durch die Maximilianstraß spazieren gegangen mit seinem Adjutanten. Sonst war da niemand dabei, keine Leibwach und nix. Den hat man jeden Tag um die gleiche Zeit sehen können. Damals hat man einen Hofknicks gemacht, und die Herren haben den Hut gezogen. Und ich hab immer nicht recht gewußt, was ich jetzt tun soll. Ich bin möglichst immer auf die andere Seite von der Straß gangen, weil der Knicks ist mir immer ein bißl komisch vorkommen.

Wie die Soldaten ins Feld naus sind – die sind doch mit Güterwagen transportiert worden – da haben sie an die Wagen hingeschrieben gehabt: „Serbien muß sterbien!" Und an den Läden waren Plakate, da ist drauf

* Irrtum der Erzählerin: die Königin war aus dem Haus Österreich-Este.

gestanden: „Grüß Gott sei unser deutscher Gruß, adieu laß weg beim Scheiden. Auf Wiederseh'n dir dienen muß, das Fremdwort zu vermeiden. Gott strafe England!“ Das war, wie sich England dann in den Krieg eingeschaltet hat. Ja und dann: „Jeder Stoß ein Franzoß, jeder Schuß ein Ruß!“, das hat's auch immer geheißen.

In der Schule ist auch immer gesagt worden: der Franzose ist unser Erbfeind! Das war also schon vor dem Krieg. Wir haben nichts anderes gewußt, als daß das unser Erbfeind ist. Wir sind so erzogen worden.

Im Krieg, da waren dann natürlich auch Sammlungen. Wenn man Goldgeld hat, soll man's hergeben. Da haben viele die goldenen Markstückl hergeben, und dann hat man so ein Dokument gekriegt, da ist drauf gestanden: „Gold gab ich für Eisen.“ Wir selber haben ja kein Gold hergeben, weil wir keines gehabt haben.

Später sind dann auch die Kirchenglocken eingeschmolzen worden, genau wie im Zweiten Weltkrieg.

Bei der Trambahn – damals hat man noch „Elektrische“ gesagt, – hat's Sommerwagerl geben. Die waren rundherum offen, da waren bloß Vorhänge dran, das war so ein weiß-blauer Drellstoff. Und da sind dann während dem Krieg die Verwundeten vom Hauptbahnhof in die verschiedenen Krankenhäuser transportiert worden. Da haben wir oft gesagt: „Mei, die armen Verwundeten! Das schüttelt doch so, und gezogen hat's auch. Da waren nur die Vorhänge runtergelassen, damit man's nicht gesehen hat. Die meisten Schulen sind allmählich Lazarette geworden, meine auch.

Ich bin im Januar 1915 in die Lehr kommen. Ich wollt ins Büro gehen. Im Arbeitsamt habens gesagt, daß ich mit meiner Schrift im Büro überhaupt nicht genommen werd. Sonst hab ich ja gute Noten gehabt, aber im Schönschreiben war ich halt nicht so großartig, und damals, da ist noch alles mit der Hand geschrieben worden.

Dann haben sie mich aber doch zum Vorstellen geschickt, und dann ist die Mutter mitgangen. In dem Büro waren ein Haufen Leitz-Ordner, unendlich viele! Ich hab nicht gewußt, was das ist. Ich hab gedacht, das sind Bücher. Und wie der Mann, der mit uns gesprochen hat, kurz aus dem Zimmer gegangen ist, hab ich schnell gesagt: „Mama, Mama, gehn wir wieder! Wenn ich die Bücher alle auswendig lernen muß, das kann ich nicht!“

Meine Mutter hat auch gemeint, daß das Bücher sind, die ich auswendig lernen muß. Dann hab ich gesagt: „Ich mag nicht mehr ins Büro, weil ich das nicht kann, so viel auswendig lernen!" Dabei hab ich doch eigentlich gut gelernt, aber so viele Bücher, und so große, das hab ich mich nicht getraut.

Im Arbeitsamt war so was gegründet für junge Mädchen, die aus der Schule entlassen sind, wo's hingehen können und ein bißerl handarbeiten, bis sie in einer Arbeit oder einer Lehrstelle untergebracht sind. Da bin ich dann alle Tag hingangen. Gefallen hat's mir gar nicht, aber was hätt ich machen sollen. Da war so ein Speiseraum, da hat man billiges Essen gekriegt, so eine Art Suppenschul.

Nachdem das mit dem Büro nichts war, haben alle gesagt, ich soll Schneiderin werden. Hab ich gesagt: „Nein, das mag ich nicht." Dann hat mich eine gefragt: „Magst Modistin werden?" Dann hab ich gedacht: wirst Modistin, weil um den Hutsaum ist nicht so weit rum wie um den Rocksaum. Nicht aus Begeisterung, bloß deswegen bin ich Modistin geworden.

Andere Berufe als im Büro, Schneiderin oder Modistin haben wir nicht gewußt. Und am Arbeitsamt, die haben überhaupt nicht weiter gefragt, was man werden will, die haben einen auch überhaupt nicht beraten.

Dann hab ich also eine Lehre als Modistin und Putzmacherin angefangen. Das war 1915, vorher hab ich nichts bekommen, da waren die Lehrplätze auch schon knapp. Ich hab vier Mark im Monat gekriegt.

Ich bin, so lang ich noch keine Lehrstell gehabt hab, freiwillig in die hauswirtschaftliche Fortbildungsschul gangen. Da hat man zweimal in der Woch Unterricht gehabt. In der anderen Berufsschul war nur einmal in der Woch Schul.

Ein ganzes Jahr war ich in der Schul, dann hat mich meine Meisterin so geschimpft: „Es gibt doch auch Fortbildungsschulen, die nur einmal in der Woch sind!" Dann hab ich raus müssen und in eine andere Schul.

Meine Meisterin hat mich nach Strich und Faden schikaniert. Gelernt hab ich nicht viel. Ich hab die Wohnung putzen müssen, Schuhe putzen, einkaufen, Teppich klopfen, Gemüs putzen, und am Nachmittag hab ich die Hüt liefern dürfen.

Um acht Uhr in der Früh hab ich angefangen. Um zwölf Uhr hab ich Mittag gehabt. Da hab ich mir meistens ein Pfund Äpfel kauft, mehr Geld hab ich nicht gehabt. Um zwei hab ich wieder angefangen und bis um sechs auf d'Nacht gearbeitet.

Wenn ich Schul gehabt hab – die hat von mittags bis fünf Uhr nachmittags dauert – hab ich extra um fünf Uhr von draußen vom Kirchstein neirennen müssen in die Wurzerstraß, daß ich für sie das Abendessen kauf. Da hab ich dreiviertel Stunden gebraucht. Trambahngeld hat einem ja niemand geben.

Ich hab immer nüber gehen müssen zum Platzl ins Bratwurstglöckerl, da hab ich die Wurst kauft, und gleich in der Näh vom Geschäft war eine Wirtschaft, da hab ich das Bier geholt. Und dann hab ich wieder in die Berg-am-Laim-Straß zurücklaufen müssen, eine gute halbe Stund. Und da hab ich nix gekriegt dafür, keinen Bissen Brot, nix!

Das ist eine Zeitlang so fortgangen, dann bin ich einmal schlau geworden. Weil: meistens hat die Metzgerin, wenn sie die Wurst so runtergeschnitten hat, die war meistens im Ganzen, noch ein Scheiberl draufgeben, das war die Zuwaag, und die hab ich dann gefressen. Aber da war ich schon mindestens ein Jahr in der Lehr, da ist mir das eingefallen. Da hab ich mir denkt: „Jetzt freß ich ihr das Wurstradl weg!"
Das ist ihr gar nicht aufgefallen, das hat mich gewundert. Ich hab immer gedacht, sie sagt einmal was, weil jetzt kein Wurstradl mehr dabei ist. Aber sie hat nichts gesagt, und ich hab ohne Gewissensbisse alle Tag das Wurstradl gegessen. Sowas hat man sich doch normal sonst nicht geleistet, so eine Wurst, geh, sowas hat's doch nicht geben!

Meine Meisterin hat so eine ganz alte Wohnung gehabt. Da war über dem Herd ein Türl, wo der Kaminkehrer hineingeschlüpft ist zum Kehren.

Wie er wieder einmal dagewesen ist, war alles voll Ruß, und die Meisterin hat schon geheizt gehabt. Dann war die Ofenplatte noch heiß, und ich hab da naufsteigen müssen und den Ruß von der Wand abputzen. Da bin ich dann immer so droben gestanden, hab immer einen Fuß nach dem andern hochgezogen, weil ich's vor Hitze nicht ausgehalten hab, und sagen hab ich mir auch nichts getraut. Und meine Meisterin hätt da auch kein Mitleid gehabt, die hätt bloß recht geschimpft. Dann waren meine Schuhsohlen verbrannt, und meine Mutter hat nicht gewußt, von was sie die Schuh doppeln lassen soll.

Beim Abspülen, da hab ich ins kochend heiße Wasser langen müssen. Und ich hab doch noch so zarte Kinderhanderl gehabt. Aber sie hat gesagt: „Lang nur rein, sei nicht so zimperlich!"

Die Leut im Haus haben sich aufgeregt, weil ich die schweren Teppiche hab klopfen müssen, und ich war doch so klein, einmeterzweiundvierzig bloß und schmächtig.

Mei, hat mich die schikaniert, meine Meisterin! Und ich hab daheim nie was erzählt, weil meine Mutter gesagt hat: „Lehrplatz wechseln darf man nicht. Wenn man mal wo ist, muß man bleiben, bis man ausgelernt hat." Und wenn ich immer über die Isarbrücke – ich hab doch alle Tag über die Maximiliansbrücke gehen müssen – wenn ich da drüber bin, dann hab ich mich immer an das Geländer hingestellt und hab gedacht: „Einmal hüpf ich doch noch runter!" So verzweifelt war ich. Geholfen hat mir niemand.

Bis einmal, ich weiß nicht mehr, was da war, da hat's auch einen Verdruß gegeben. Da bin ich dann drei Tag nicht ins Geschäft. Das muß schon ganz was Schlimmes gewesen sein. Ich bin daheim gesessen und hab geheult und geheult. Dann hat meine Mutter gefragt, was los ist, und dann hab ich's ihr halt erzählt und hab gesagt: „Du kannst jetzt sagen, was du willst, ich geh nimmer hin!"

Meine Mutter ist dann in die Handelskammer gangen und hat sich erkundigt. Dann haben die in der Handelskammer gesagt, sie kennen den Platz schon, und sie soll mich nur gleich wegtun, das hat ja keinen Sinn, ich besteh ja auf die Art meine Prüfung nicht, weil ich nichts lern. „Tun Sie sie weg", haben sie gesagt, „in dem Fall dürfen Sie den Vertrag brechen."

Da hat es doch im Vertrag geheißen, wenn man den Vertrag bricht, dann muß man fünfzig Mark Strafe zahlen. Das war für uns viel Geld, für die damalige Zeit! Das war mehr als heut fünfhundert Mark sind!

Dann ist die Mutter zur Meisterin und hat es ihr gesagt, daß sie sich in der Handelskammer erkundigt hat, und daß sie mich nicht mehr hingehen läßt. Dann hat die Meisterin gesagt: „Dann müssen Sie fünfzig Mark zahlen!" Dann hat aber die Mutter gesagt: „Nein, in dem Fall nicht."

Und dann hat die Meisterin gesagt: „Nein, um Gottes Willen, lassen Sie doch das Mädchen da! Ich geb ihr jetzt dann fünf Mark im Monat" – da bin ich grad ins dritte Lehrjahr gangen – „so ein ehrliches Mädchen, wie die ist, krieg ich nie mehr im Leben!"

Die hat immer Pfennige rumgeschmissen, und ich hab sie beim Putzen immer aufgehoben und auf den Tisch gelegt. Gesagt hab ich nichts, nur gepackt hab ich sie und raufgelegt. Ich hab mich nur gewundert, daß bei denen immer Geld am Boden liegt. Daß das eine Falle ist, auf die Idee wäre ich gar nicht gekommen. Und da hat sie's dann meiner Mutter gesagt, daß ich das Geld prompt immer hingelegt habe. Die Mutter soll mich halt dort lassen. Aber dann hat die gesagt: „Nein, kommt nicht in Frage."

Dann bin ich wegkommen, dann bin ich endlich wegkommen. Das war im Frühjahr 1917.

Damit ich eine Abschlußprüfung machen kann, hat mich die Mutter für die Frauenarbeitsschule angemeldet. Die ist aber erst im Herbst angegangen. So bin ich nach der Lehr erst ein paar Monat in die Munitionsfabrik gangen, daß ein Geld hergeht. Da war ich siebzehn.

Ich weiß nicht mehr, was ich zuerst getan hab in der Munitionsfabrik, nur daß ich in einem großen Saal war mit vielen Frauen. Die Frauen haben alle von ihren Liebhabern erzählt, und ich war halt noch recht dumm und hab gesagt, daß ich noch Jungfrau bin. Da habens mich so derbleckt* und gesagt: „Da tät ich mich schämen, wenn ich noch Jungfrau wäre." Ich war totunglücklich, weils mich deswegen so derbleckt haben.

Irgendwer muß das einmal gemerkt haben. Da habens mich dann versetzt. Da bin ich in so ein Häusl kommen, da war ich mit einem Mann allein. Da ist zugesperrt worden, da hat niemand Unbefugter eintreten dürfen. Da haben wir Patronen entschärft, die nicht ganz hundertprozentig waren. Da war ich recht gern drin. Der Mann war sehr nett und anständig. Ich hab ganz allein mit dem gearbeitet. Da war eine Maschine, in die man die Patronen hineingetan hat. Dann ist das innen rausgezogen worden, dann hat man das Pulver ausgeleert und das leere Ding weggetan. Auf den Gedanken, daß die Arbeit gefährlich sein könnt, bin ich gar nicht gekommen. Da hat mich auch niemand aufmerksam gemacht. Ich hab deswegen auch nicht mehr gekriegt als die andern. Viel später erst ist mir eingefallen, daß das gefährlich war. Aber ich war gern drin, weils so ruhig war. Und Munitionsarbeiterinnen waren allgemein besser bezahlt als andere.

Dann hats noch eine Pulverfabrik geben. Die Frauen, die in der Pulverfabrik gearbeitet haben, die waren im Gesicht und an den Händen gelb, aber so kruserlgelb waren die, wie bei einer ganz schweren Gelbsucht. Die haben die Leut immer „Kanarienvögel" geheißen. Die haben aber extra Zulagen gekriegt, weils so gelb worden sind. Da hab ich aber nicht hinmögen, weil ich nicht gelb werden wollt.

Aber da haben sich die Frauen gedrängt um die Arbeit. Die Brandmeier Bettl, meine Freundin, wollt auch hin. Da ist man aber vorher ärztlich untersucht worden, ob mans schaffen kann, und da hat sie die Erlaubnis nicht kriegt, weil sie auf der Lunge nicht in Ordnung war. Mich hat niemand untersucht gehabt.

Im Herbst bin ich dann in die Frauenarbeitsschul gegangen. Da war ich

* derbleckt = aufgezogen

dann auch der Polante, weil, da waren lauter bessere Mädchen, solche, die grad vom Lyceum kommen sind. Eine war die Tochter von einem Minister, war ein ganz bekannter Name damals, heut fällt er mir nimmer ein, lauter solche, lauter solche! Das hat zehn Mark im Monat gekostet, die hat meine Mutter zahlen müssen.

Da bin ich dann hin mit zerrissenen Schuhen, das war ja schon 1917/18, kein gescheites Gewand hab ich mehr gehabt. Die haben mich aber dermaßen von oben behandelt, also die haben sichs so ankennen lassen!

Meine Mutter hat sich das Geld dafür erputzt und erhungert. Meine Schwester hat schon auch gearbeitet, aber sie war halt viel krank. Und dann hab ich endlich meine Prüfung gemacht, das war im Sommer 1918.

Also im ersten Weltkrieg, da waren zuerst auch immer Siege. Der Sieg über die Russen – vom Hindenburg! Da hat man das Lied gesungen: „Der Hindenburg, der alte Reck, der Russentod, der Russenschreck!" Erst Tannenberg und dann die Schlacht bei den Masurischen Sümpfen! Aber da kann ich mich noch gut erinnern, wie ich entsetzt war, weil es geheißen hat, die sind in die Sümpfe getrieben worden, die Russen. Da hab ich mir gedacht: „Um Gottes Willen, so was Grausames!" Aber man hat ihn gefeiert, dann hab ich gedacht: „Na ja, wird vielleicht doch richtig sein, immerhin hat es uns zum Sieg verholfen." Da ist die russische Armee vernichtet worden – vorläufig einmal.

1916 war ein Friedensangebot. Genau haben die Leute nicht erfahren, was los war, aber es ist was durchgesickert. Und da haben sie zu murren angefangen, da sind die Leut kriegsmüd geworden. Ab da haben sie schon gesagt: „Jetzt dürfts endlich mal Schluß werden." Sie haben gesagt: „Der Kaiser ist schuld, daß nicht Frieden geworden ist."

1916 ist auch schon der große Hunger angegangen. England hat die Hungerblockade über uns verhängt, also es haben keine Lebensmittel mehr nach Deutschland gebracht werden dürfen.

Mei, der Winter von sechzehn auf siebzehn, das war der Dotschenwinter*)! Da war drüben, in der Anlag am Johannisplatz, da wo jetzt wieder die Blumen sind, eine Holzhütte, eine große, da sind Dotschen verkauft worden, und das haben die Leut den „Dotschenpalast" genannt. Dotschen, das war schon fast die Hauptnahrung. Das war furchtbar.

Wenn du gemeint hast, jetzt machst einen Besuch irgendwo, daß d'

* Dotschen = Kohlrüben

vielleicht zum Essen eingeladen wirst, daß d' vielleicht einmal was anderes kriegst, dann haben die Leut auch bloß Dotschen gehabt. Daheim bist den Dotschen davon, und wo anders hast sie dann hingestellt gekriegt. Ich kann seitdem keine mehr sehen.

Das Brot war so schlecht, das ist einem am Messer pappen geblieben. Da war Sägmehl und alles mögliche mit hineingebacken.

Gehamstert und geplündert ist worden, und wer genug Geld gehabt hat, der hat sich am schwarzen Markt kauft, was er braucht hat. Das war genau so, wie wir's später, nach 1945, wieder erlebt haben. Die Oberen Zehntausend, die haben nicht viel gemerkt von der Not. Deswegen haben die auch leicht vom „Durchhalten" reden können. Aber das einfache Volk – da sind viele verhungert damals, buchstäblich! Das heißt: offiziell sind sie natürlich an was anderem gestorben. Zum Beispiel war kurz vor Kriegsende in München eine furchtbare Grippeepidemie. Ich hab sowas nie mehr erlebt. Die Leut waren so unterernährt, daß sie gar keine Widerstandskraft mehr gehabt haben. Da waren überall an den Läden Schilder: „Wegen Grippe geschlossen". Da sind die Leut zu Tausenden gestorben, „an der Grippe" hat's geheißen. Sie sind halt verhungert.

So 1917 etwa, hat sich auch die Stimmung gegen den König Ludwig sehr verändert, weil er sich halt gar nicht gegen den Kaiser durchgesetzt hat. Der Kaiser war immer unbeliebt bei uns. „Der Kaiser ist schuld, daß nicht Schluß wird mit dem Krieg", hat es geheißen, und „der König tut bloß noch was die Preußen wollen."

Da ist dann einmal dem König ein toter Kater vor die Tür gelegt worden mit einem Zettel: „Bist du nicht ein guter Landesvater, geht es dir wie diesem Kater!"

Sein Sohn, der Kronprinz Rupprecht, war vor dem Krieg sehr unbeliebt, weil er solch ein Weiberheld war. Der war damals schon mit der Marie Gabriele verheiratet und hat bildschöne Kinder gehabt. Es ist erzählt worden, er soll seine Frau mit der Reitpeitsche geschlagen haben. Und in Afrika soll er's mit den Negerinnen getrieben haben. Alles Schlechte ist ihm nachgesagt worden, bis zum Krieg. Da soll er sich dann sehr für die bayerischen Soldaten eingesetzt haben, die haben ihn abgöttisch geliebt.

Ich weiß nicht mehr, was das war, da ist einmal was passiert, irgendeine Revolte, und da hat es geheißen: jeder zehnte Mann von dem bayerischen Regiment soll erschossen werden. Und der Rupprecht hat dagegen protestiert und hat das verhindert. Das haben ihm die Soldaten hoch angerechnet. Er soll auch einmal eine Debatte mit dem Kaiser gehabt haben. Ich weiß nicht, was der wollt, der Kaiser. Und da hat der Rupprecht gesagt: „Wir Bayern sind Verbündete und keine Vasallen!" Das hat den Leuten gefallen.

1917 ist dann in Rußland die Revolution ausgebrochen. Da war vorher die Sache mit dem Lenin, also der ist in einem plombierten Wagen durch Deutschland nach Rußland gefahren. Man hat ihm erlaubt durchzufahren, und in Rußland hat er dann die Revolution angefangen.

Da war aber noch was mit Geld – irgendein Geldtransporter ist überfallen worden. Ich weiß nimmer, war das auch der Lenin oder ein anderer? Einer hat einen Geldtransporter überfallen, und das Geld haben sie für die Revolution gebraucht, da ist damals viel geredet worden.* Bei der Revolution ist die ganze Zarenfamilie umgebracht worden. Das weiß ich noch gut. Man ist schon sehr erschrocken, das war doch furchtbar, die ganze Familie ermordet.

Aber der Krieg mit Rußland war dann bald gar, schon 1917. Mit der Revolution ist der Krieg mit Rußland beendet worden. Da haben wir dann wieder ein bißl gehofft, weil einen Feind haben wir wenigstens los gehabt.

* Gemeint ist der umstrittene Überfall Stalins auf einen Geldtransport der russischen Staatsbank in Tiflis.

III. MAJESTÄT, GEHNS HEIM, ES IST REVOLUTION
DER BESENSTIEL UND DIE WEISSGARDISTEN – HOPFENZUPFEN AN MARIÄ HIMMELFAHRT

1918 ist es wirklich nimmer gegangen. Wir haben Hunger gelitten, Hunger gelitten! Es war schlimm. Und man hat doch gesehen, daß es aus ist, wie sie alle über uns hergefallen sind.

Also ich mein, ich weiß halt, wie's dem Volk gegangen ist. Ich weiß nicht, was die Oberen für eine Einstellung gehabt haben, ich weiß bloß, wie's bei den einfachen Leuten war.

Die letzte Zeit 1918 hat's auch schon viele Deserteure geben, da haben sich viele abgesetzt. Zu uns ist auch einmal einer kommen, das war der Freund von meinem Vater seiner Schwester. Die Mutter hat ihn eine Nacht bei uns schlafen lassen. Wir haben aber eine solche Angst gehabt, die Julie und ich, wir haben gesagt: „Mutter, der muß weg, wenn das aufkommt, dann geht's uns alle dran!" Es war ja auch gefährlich, gell. Die Mutter hat ihm dann noch irgendwas zum Essen geben und hat ihn wieder weggeschickt. Ich weiß nicht, was aus ihm geworden ist.

Die Revolution ist dann über Nacht kommen, ganz plötzlich. Es war Krieg, es war praktisch noch Krieg. Die Matrosen haben nicht mehr mögen, und die sind dann nach München gefahren und vom Hauptbahnhof aus mit den Soldaten durch die Stadt marschiert. Wenn sie einen Offizier gesehen haben, der noch eine Kokarde oder sowas gehabt hat, die habens ihm gleich heruntergerissen.

Ich bin ihnen in der Äußeren Wienerstraße begegnet, Matrosen und Soldaten. Und da hat es geheißen: es ist Revolution, der Krieg ist aus!

Man hat damals erzählt, ob das wahr ist, weiß ich nicht, daß der König grad im Hofgarten spazieren gegangen ist, da ist ein Arbeiter auf ihn zu und hat gesagt: „Majestät, geh'ns heim, es ist Revolution!" Dann ist er mit dem Auto geflohen, ich weiß nicht mehr wohin, ich glaub nach Österreich. Er ist später wieder zurückgekommen.

Und der deutsche Kaiser, der ist 1918 nach Holland geflohen. Was die

Leute über ihn gesagt haben, weiß ich nicht mehr so genau, was Gescheites jedenfalls nicht.

Bei der Revolution sind sie in die Residenz hineingestürmt und haben die Damastsessel aufgeschlitzt. In der Ettstraße, im Polizeipräsidium haben sie die Polizeiakten aus dem Fenster geschmissen und im Hof verbrannt. Aber getan haben sie, glaub ich, niemand was.

Wir haben gesagt: es ist eine unblutige Revolution, sie haben dem König nichts getan, sie haben eigentlich niemand was getan; und der Krieg ist aus.

Daß wir kein Königreich mehr sind sondern eine Republik, das haben wir aus der Zeitung erfahren. Über Nacht waren wir plötzlich Republik. Wir haben uns nicht viel darunter vorstellen können.

Der Kurt Eisner ist dann bayrischer Ministerpräsident geworden. Den haben ja die Schwarzen gar nicht mögen. Die Kirch hat auch schwer geschimpft auf den. Das war ein Roter und ein Jud obendrein. Da hat's geheißen: „Was will denn der Jud bei uns?" Damals ist's schon angangen, daß es geheißen hat, die Juden sind unser Unglück.

Und der Ebert ist Reichskanzler geworden 1918, das war auch ein Roter. Wir haben damals das „Tagblatt" gehabt, da ist's drin gestanden. Da hat man gesagt: „Was will denn der? Das ist ein Sattlergeselle. Die andern sind doch von klein auf fürs Regieren erzogen, und der als Sattler! Wie will denn der ein Volk regieren, der hat das doch nicht gelernt!" Grad mir, wo mir doch selber zum Volk gehört haben, haben gesagt, daß einer aus dem Volk das Volk nicht regieren kann. Es ist uns halt so vorgesagt worden, und das haben wir auch geglaubt. Gegen den Ebert ist später noch viel gehetzt worden.

Meine Leut und ich waren im Katholischen Arbeiterinnenverein und meine Schwester und ich auch noch in der Jungfrauenkongregation. Unsere politischen Anschauungen haben wir von den Vereinen gehabt. Die sind immer von einem Pfarrer geleitet worden und was der gesagt hat, von dem war man natürlich immer hundertprozentig überzeugt. Meine Leut haben Bayerische Volkspartei gewählt. Ich war ja noch zu jung damals. Die Bayerische Volkspartei, das war früher das „Zentrum", also die Schwarzen halt.

Ich hätt einmal beinah eine Watschn gekriegt in einer Wirtschaft, weil ich was gegen den Eisner gesagt hab. Da war ich neunzehn Jahr. Ich hab halt auf ihn geschimpft, weil ich's so gelernt hab.

Wie der Eisner ermordet worden ist, das weiß ich noch gut. Da ist erzählt worden, da sei ein Geheimbund gewesen, und da sei ausgelost worden, wer den Eisner umbringen muß, und da hätt den Grafen Arco-Valley das Los getroffen. Und wie dann der Landtag eine Sitzung gehabt hat – der war damals noch nicht im Maximilianeum sondern in der Prannerstraße – ist der Arco hin und hat gewartet bis der Eisner kommt und hat ihn dann einfach erschossen. Nachher hat's geheißen, der Eisner hätt sowieso zurücktreten wollen.

Es hat dann noch eine Schießerei geben und der Arco-Valley ist auch verwundet worden. Dann haben sie ihn in die Kirchenschule gebracht, die war damals Lazarett. Da haben's ihn mit dem Sanitätsauto hin. Das ist aber so schnell durchgesickert, daß jetzt der Arco daherkommt, da kann ich mich noch so gut erinnern: ich bin zufällig grad da gewesen, wie das Auto kommen ist mit dem Arco. Und da sind ein paar Frauen gestanden, die haben gesagt: „Den soll'ns uns überlassen! Stück für Stück täten wir ihm wegschneiden! Dem täten wir schon helfen!" Die waren also für den Eisner, gell, das waren Rote.

An dem Platz, wo der Eisner erschossen worden ist, sind noch lang danach immer wieder Blumen gelegen.

Und dann, mehrere Monate später, war einmal im Kolpinghaus, damals hat man noch Gesellenhaus gesagt, eine Versammlung von der Bayerischen Volkspartei, und da sind wir auch hingegangen, und da hat es geheißen: „Der Graf Arco kommt auch."

Und da ist er dann auch wirklich gekommen und hat eine Rede gehalten. Und ich war so enttäuscht von ihm, weil er einen kreisrunden, krebsroten Kopf gehabt hat. Er hat ausgeschaut wie irgendein Bauernbub. Ich hab mir den ganz anders vorgestellt gehabt.

Und dann ist eine Dame hin zu ihm und hat ihm die Hand geküßt. Und da hab ich mich so entsetzt. Ich hab mir gesagt: „Nein, um Gottes Willen, er ist und bleibt ein Mörder, dem küßt man doch keine Hand!" Das war meine Einstellung, obwohl ich doch so schwarz war.

Die Bayerische Volkspartei, die haben ihn als zweiten Wilhelm Tell hingestellt, als Befreier. Dem ist gehuldigt worden. Der Arco das war ein Wilhelm Tell.

Und das hab ich nicht verkraftet. Irgendwie hat mich das empört, weil ich mir gesagt hab: „Er hat einen Menschen aus dem Hinterhalt erschossen, er ist und bleibt ein Mörder, kannst sagen, was du willst." Ich muß heut noch so sagen.

'ater Theodor Halbinger

Mutter Anna (links) mit Schwester

›sefa (5 Jahre) mit Schwester Julie

Josefa (10 Jahre)

Die Jungfrauen Kongregation, vorne Josefa ($^{x}_{x}$)

Josefa mit ihrer Mutter

Josefas Mann Franz
in der Partnachklamm (Garmisch)

Das Schönste war, daß ein paar Tag bevor der Eisner umgebracht worden ist, da hab ich zum Herrn von Hellgiebl gehen müssen. Das war unser Benefiziat von der alten Haidhauser Kirche. Und der hat dann gefragt, ob ich nix gehört hätt, er hätt was gehört, daß der Eisner erschossen worden ist. „Was?" hab ich gesagt, „da weiß ich nix." Und ein paar Tag drauf ist er wirklich erschossen worden.

Nach dem Tod vom Eisner ist ein furchtbares Durcheinander losgegangen. Die Ereignisse haben sich überstürzt, und die Regierungen haben öfter gewechselt als die Bettwäsch.

Arbeiter- und Soldatenräte hat's gegeben. „Alle Macht den Räten" hat's immer geheißen. Der Mühsam und der Toller waren da dabei, das weiß ich noch.

Plakate waren angeschlagen: „Spartakus marschiert!", und dann wieder welche „Die Reaktion marschiert!" Unter Reaktion hab ich mir damals noch nichts vorstellen können, grad deswegen hab ich mir's gemerkt. Der Spartakus, das waren Kommunisten. Auf den hat die Bayerische Volkspartei schwer geschimpft. Giesing war die Spartakistenhochburg. Da hat man gesagt „München mit der Hauptstadt Giesing".

Die Regierung ist nach Bamberg geflohen.* Und dann sind die Straßenkämpfe angangen zwischen Rotgardisten und Weißgardisten. Da habens immer geschrien: „Fenster zu! Fenster zu!", wenn wieder die Schießerei losgangen ist. Junge Burschen sind durch die Straßen gezogen und haben die Marseillaise gesungen.

Wir daheim waren praktisch auf seiten der Weißgardisten, gell, das waren die von der Regierung.

Einmal sind die Weißgardisten gegenüber von unserem Haus an der Unionsbrauerei gestanden. Dann ist irgendwo ein Schuß gefallen. Wir haben ihn auch gehört, aber mei, damals ist so oft geschossen worden, da hat man sich gar nicht mehr weiter aufgeregt darüber.

Dabei klopfts an unsere Tür. Eine Türglocke haben wir nicht gehabt. Wie wir aufgemacht haben, steht einer vom Haus draußen mit zwei Weißgardisten. Die haben behauptet, wir hätten geschossen.

Dann haben wir gesagt: „Nein, das ist nicht wahr. Wir haben ja gar kein

* Am 18. März 1919 wählte der Landtag ein neues Kabinett unter dem Sozialdemokraten Hoffmann. Es konnte sich aber gegen die Räteregierung nicht durchsetzen und floh deshalb nach Bamberg. So gab es in Bayern 2 Regierungen, die des Kabinetts Hoffmann und die der Räte. Die Weißgardisten gehörten den Regierungstruppen an, die Rotgardisten denen der Räte.

Gewehr, mit was sollen wir den schießen?" „Ja doch, wir sind da drüben gestanden und haben gesehen, wie Sie geschossen haben."

Der eine vom Haus hat zu uns geholfen und hat gesagt: „Nein, das tun die drei Frauen nicht, da kann ich die Hand dafür ins Feuer legen." „Ja, aber wir haben es doch gesehen!"

So haben wir hin- und hergeredet und eine Todesangst ausgestanden, bis mir dann eingefallen ist, wie das gewesen sein kann. „Hören Sie einmal", hab ich gesagt, „Sie sagen, daß Sie gesehen haben, daß jemand ein Gewehr angelegt hat, aber vielleicht täuschen Sie sich. Schaun Sie, die Uhr da oben, die ist vorhin stehen geblieben, und meine Mutter hat den Perpendikel mit dem Besenstiel wieder angetrieben."

Wir waren doch alle so klein, meine Mutter hat einen Besenstiel gebraucht, daß sie den Perpendikel hat anlangen können!

Dann hat er gesagt: „Ja, das könnte möglich sein." Er hat zu dem andern gesagt: „Du gehst jetzt nunter, und wenn du unten stehst, dann pfeifst, und dann soll die Frau wieder die Uhr antreiben mit dem Besenstiel!"

Dann ist der nuntergegangen, hat unten gepfiffen, und in dem Moment hat meine Mutter wieder den Besenstiel genommen und den Perpendikel damit angelangt. Dann ist er raufkommen und hat gesagt: „Ja, das stimmt, das war genau so, wie zuvor auch, das hat wirklich ausgeschaut, als ob jemand ein Gewehr anlegen würde."

Dann waren wir gerettet. Sonst hätt uns das das Leben gekostet. Da wärst gleich erschossen worden, da waren die damals schnell beieinander. Das war Standgericht, da hat's keine Verhandlung gegeben.

Die Gräfin Westarp und – ich weiß nimmer, wie die anderen geheißen haben – haben die Rotgardisten als Geiseln genommen und ins Luitpoldgymnasium gebracht. Das war die Thule-Gesellschaft, die waren politisch ziemlich rechts. Und eines Tages sind sie an die Wand gestellt und erschossen worden. Wir haben gesagt: „Mei, die armen Leut! Die armen Leut!" Wir haben nicht gewußt, warum sie erschossen worden sind.

Viel später hab ich erfahren, daß die so große Schiebungen gemacht haben sollen, mit gefälschten Stempeln Lebensmittel beschlagnahmt und so. Und wir haben gehungert wie die Blöden. Milch hat's nur auf ärztliches Attest gegeben.

Der Karl Liebknecht und die Rosa Luxemburg sind damals auch umgebracht worden, ich glaub in Berlin. Mit denen hat man kein Mitleid gehabt. Auf die haben meine Leut furchtbar geschimpft, weil's halt

Kommunisten waren. „Um die is' es ned schad“ hat man gesagt, wie sie ermordet worden sind, man hat das ganz in Ordnung gefunden. Wir haben weiter nichts über sie gewußt, als daß sie Kommunisten waren, und ein Kommunist ist was Schlechtes.

Also die Regierung war in Bamberg, und in München waren die Räte. Dann ist die Regierung von Bamberg nach München marschiert, und bei Dachau haben dann die Roten mit den Weißen gekämpft. Da muß es furchtbar zugangen sein. Bei den Hoffmann-Leuten* waren aber auch Preußen dabei.

Die kleinen Leut in München haben sich allmählich überhaupt nicht mehr ausgekannt, wer jetzt wer ist, und was das alles soll. Wir wollten nur endlich unsere Ruh haben. Ein Generalstreik nach dem andern war auch, und dann der furchtbare Hunger!

Ich weiß noch gut, da ist einmal bei so Straßenschlachten ein Pferd umkommen. Gell, damals hat's ja noch viel Pferdefuhrwerke geben. Und da sind die Leut mit den Messern gleich drauf los gestürzt. Das Pferd war noch warm, ich weiß gar nicht, ob's schon richtig tot war. Da haben sie sich mit dem Messer ein Fleisch rausgeschnitten, ganz wild haben sie sich mit dem Messer ein Fleisch rausgeschnitten, weils halt so furchtbar Hunger gehabt haben.

In Weimar haben wir eine Verfassung gekriegt. Da haben wir dann eine schwarz-rot-goldene Fahne gekriegt statt der schwarz-weiß-roten.

Ich weiß auch noch gut, wie das Frauenstimmrecht eingeführt worden ist. Die Roten haben das Frauenstimmrecht eingeführt und haben gehofft, sie kriegen dann auch die Stimmen von den Frauen. Dabei haben die dann die Schwarzen gewählt. Da hat sich doch die Bayrische Volkspartei so viel gefreut, und meine Leut natürlich auch, weils ja schwarz waren, wie die Nacht finster.

In Versailles ist der Friedensvertrag geschlossen worden, der Versailler Vertrag. Da hat es geheißen, Deutschland ist schuld am Krieg und soll alles zahlen. „Da müssen ja noch unsere Enkelkinder zahlen“, hat man gesagt. Elsaß-Lothringen haben wir hergeben müssen und die ganzen Kohlegruben. Die Leute haben schwer geschimpft.

Gleich nach dem Kriegsende ist's auch angangen mit der Arbeitslosigkeit. Ich weiß noch gut, einmal, da war ich neunzehn Jahr alt, haben wir gar

* Die Truppen der Regierung Hoffmann waren durch preußische und württembergische Soldaten verstärkt worden.

kein Geld mehr gehabt, nichts zum Essen, nix. Bloß ein bißerl Kalkfarben hat die Mutter noch im Keller gehabt. Da hat sie gesagt: „Ach was, jetzt tun wir weißen!“

Und die Julie hat gesagt, sie geht ins Arbeitsamt und schaut, daß wir einen Hopfenzupferplatz kriegen, damit wir wenigstens was zum Essen haben. Und da ist einem ja auch die Fahrt bezahlt worden zum Hopfenplatz.

Nachher haben wir also geweißelt, das heißt meine Mutter hat hauptsächlich geweißelt, ich hab ein bißerl Handlangerdienste gemacht und geputzt.

Mittagessen haben wir keins gehabt. Und dabei hat uns dann die Müllerin vom Haus was zum Essen gebracht und hat gesagt: „Da, ihr tuts heut weißen, da habts ihr ja doch keine Zeit zum Kochen, da bring ich euch was zum Essen.“ Dabei hätten wir gar kein Geld gehabt, daß wir uns was gekocht hätten. Mei, waren wir um das Essen froh! Was es war, weiß ich heut nimmer, nur daß wir überglücklich waren, daß wir was zum Essen gekriegt haben.

Und die Julie war also im Arbeitsamt und hat dann einen Platz gekriegt, wo ich und meine Schwester zum Hopfenzupfen haben hinfahren können.

Dann sind wir also gefahren. Dabei war dann in dem Zug ein solches Gesindel beieinander, und die sind alle zu dem Hopfenplatz gefahren, wo wir auch hin sollten. Das war ein großer Hopfenbauer. Dann haben wir gesagt:

„Nein, da gehn wir nicht hin, mit denen!“. Dann haben wir uns, wie wir angekommen sind am Bahnhof, abseits gestellt und haben gedacht: „Wir suchen uns einen anderen Hopfenplatz. Die Hauptsache ist, daß wir die Fahrt hierher bezahlt gekriegt haben, einen Hopfenplatz finden wir schon.“

Und der Bauer hat seine Leut gezählt und hat immer gesagt: „Zwei gehn noch ab, zwei gehn noch ab!“ Das haben wir alles gehört, aber wir haben uns nicht gemeldet. Dann ist er halt ohne uns zwei gegangen.

Und wir sind dann extra los und haben bei den Bauern gefragt, und dabei haben die schon alle ihre Leute gehabt. Und wir hätten doch nicht heimfahren können. Geld haben wir doch keines gehabt, Brotzeit haben wir uns auch keine kaufen können, Hunger haben wir gehabt, und es ist auch schon auf d'Nacht zugangen.

Wie es schon gedämmert hat, und das war im August, da dämmerts doch spät, haben wir nochmal bei einem Bauern gefragt. Dann hat der auch gesagt: „Nein." Da hab ich s Weinen angefangen. Dann hat er gesagt: „Ja, über Nacht behalt ich euch", und ich weiß nicht, einen Kaffee oder eine Brotsuppe hat er uns geben.

Dann hat er uns in Heuboden nauf. Und da waren schon zwei junge Burschen droben gelegen, das waren Kriegsheimkehrer, und die haben miteinander französisch gesprochen. Und wir jungen Dinger mit denen im Heuschober! Dann hat meine Schwester gesagt: „Paß auf, wenn die uns zu nah kommen, wenn uns die was antun wollen, wir springen gleich zum Fenster nunter!" „Ja", hab ich gesagt, „das tun wir!"

Wir haben fast nicht schlafen können in der Nacht, noch dazu weil die immer französisch geredet haben, da haben wir gedacht, weiß Gott was die sagen. Die haben uns aber überhaupt nichts wollen, die zwei. Die haben dann gut geschlafen und wie alles ruhig war, haben wir auch ein bißerl geschlafen. In der Früh haben wir dann vom Bauern noch einen Kaffee gekriegt.

Dann sind wir in die Kirch gegangen. Es war der 15. August, ich weiß es noch gut. Es war ein sehr schöner Sommer, da ist das Hopfenzupfen schon früher angangen, sonst geht's erst Ende August an. Da sind wir also in die Kirche, und da hat der Pfarrer halt so schön predigt von Mariä Himmelfahrt, und hat so trostreich geredet, und ich hab halt ununterbrochen geweint, während der ganzen Kirch. Meine Schwester nicht so, die war damals auch schon achtundzwanzig, ich erst neunzehn.

Dann sind wir raus aus der Kirch. Dann ist ein junger Bauernbursch auf uns zugangen und hat gesagt: „Ja, Deandl, warum woanst denn so?" Dann hab ich gesagt: „Ja, weil wir zum Hopfenzupfen wollten, und jetzt haben schon alle Bauern ihre Leut, und wir können nicht einmal mehr heimfahren, weil wir kein Fahrgeld nimmer haben zum Heimfahren." Dann hat er gesagt: „Jetzt geht's nei nach Mainburg in d'Stadt zum Metzger Hildebrand und sagt's, ihr seids von mir geschickt, und sie sollen euch nehmen zum Hopfenzupfen".

Und da sind wir dann hingegangen. Dann hat die Frau gesagt: „So? Ja, ist schon recht. Gehts her, kriegts was zum Essen, müßts aber sofort in Hopfengarten naus."

Auf das warn wir natürlich nicht gefaßt, daß wir am Feiertag schon 's Hopfenzupfen anfangen müssen. Aber die Hauptsache war: wir haben einen Hopfenplatz gehabt, und zwar einen recht einen guten sogar!

Wir haben miteinander ein Zimmer gekriegt, wo man doch sonst immer im Heu schlafen muß. Das war zwar recht primitiv, und wir haben auch miteinander bloß ein Bett gehabt, aber immerhin, es war ein richtiges Bett. Und mittendrin im Zimmer ist ein Pumpbrunnen gestanden, also da haben wir sogar fließendes Wasser gehabt. Und da haben wir auch ein sehr gutes Essen gekriegt.

Da sind wir dann das andere Jahr wieder hin, da ist die Mutter auch mit.

Da hat sich dann der Sohn in mich verliebt. Das war der Bäurin – also eigentlich Metzgerin, die haben eine Metzgerei und einen Hopfengarten gehabt – der war das gar nicht recht. Sie hat mich schon gut leiden können. Sie hat mir voller Stolz ihre Wohnung gezeigt und ihren Wäscheschrank. Da waren an jedem Fach so bestickte Bordüren. Das hat man früher so gehabt. Da ist droben gestanden: „Was Mütterlein mir einst beschert, halt ich in diesem Schranke wert. Soll glatt und fein geordnet sein, wie's einstens hielt mein Mütterlein." Das war in Kreuzstich gestickt und dann noch eine Borte drangehäkelt. Das hat mir halt so gut gefallen. Da hab ich mir gedacht: „Das mach ich auch einmal!" Der hab ich recht gefallen, der Frau, aber als Schwiegertochter wollts mich halt nicht.

Dann hats gesagt zu mir: „Geh, das hat doch keinen Sinn, mein Sohn und du. Aber ich wüßt dir eine andere gute Partie. Der Postbot kommt immer her und der sucht ein nettes Mädel. Das wär was für dich. Das ist ein staatlicher Beamter, der kriegt einmal eine Pension, da wärst versorgt." „Nein", hab ich gesagt, „was wollens denn, ich will ja gar nicht heiraten, weder den einen noch den anderen."

Das hats gar nicht fassen können. Dann hats mich eigens einmal ins Zimmer kommen lassen, wie der Postbot da war und hat mich dem Postboten vorgestellt. Aber ich hab ihn halt nicht mögen. Ich bin wieder heimgefahren wie's Hopfenzupfen gar war und hab weder den Postboten noch den Sohn wollen.

Der Sohn hat uns dann noch mehrere Jahre alle Weihnachten besucht und hat uns ein schönes Stück Fleisch bracht. Wir haben uns halt bedankt, aber – er hats halt dann gespannt, daß es keinen Sinn hat, dann ist er auf einmal weggeblieben, leider, weil 's Fleisch war uns ja willkommen. Ich hab ihn auch gut leiden können, aber ans Heiraten hab ich überhaupt nicht denkt.

Wir haben furchtbare Not gehabt daheim. Hinten und vorn hat's nicht gelangt. Einmal hab ich einen Sackrupfen grün gefärbt, hab ihn eingesäumt mit Hohlsaum und hab ihn mit rosa Perlgarn bestickt. Das war eine wunderschöne Tischdecke!

IV. DAS GEBETBUCH EINER JUNGFRAU UND DER ERSTE KUSS

Ich war in der Zeit bei der katholischen Volksbibliothek. Die Lagerlöf, das weiß ich noch, daß ich die so gern gelesen hab. Viele Marlitt-Bücher habens auch gehabt und natürlich Ganghofer. Und dann die Handel-Mazetti, die war ja auch sehr katholisch! Sowas hat einen aber beeinflußt.

Schad, daß ich das nicht aufgehoben hab: „Das Gebetbuch einer Jungfrau". Ja du meine Güte! Da ist drin gestanden, daß man auf der Straße nur mit niedergeschlagenen Augen gehen darf, und solche Sachen. Ich hab gesagt: „Da rumpelt man ja an jeden Briefkasten hin". Und daß ein Mann nie mit einer Frau allein in einem Raum sein darf, lauter solche Sachen.

Und was man direkt einmal wieder lesen sollte, wenn man es irgendwo antiquarisch kriegen könnte: „40 Jahre Storchentante". Das war eine Hebamme, die das Buch geschrieben hat. Die sagt, man soll den Männern möglichst ungewürztes Essen geben, damit sie die Frau nicht so oft belästigen, damits nicht so viele Kinder bringen muß. Weil abtreiben oder auch nur verhüten darf man ja nicht, gell.

Da hab ich mir gedacht: „Das wär ja sauber! Ich mag doch selber so gern gewürzt essen, das wär ja furchtbar! Und glauben tu ich es erst nicht, weil ich eß ja auch gut gewürzt und spür nix."

So sehr katholisch, wie ich war, bei manchen Sachen hab ich doch nicht mitgetan.

Genau wie sie in der Jungfrauenkongregation immer gesagt haben, man soll eine Generalbeichte ablegen, also alles sagen was man begangen hat von Anfang an, auch das, was man schon gebeichtet hat. Meine Schwester hat ab und zu eine Generalbeichte abgelegt, aber ich hab gesagt: „Ich seh das nicht ein. Was ich gebeichtet hab, ist verziehn. Warum soll ich das dann nochmal beichten? Nein, da tu ich nicht mit."

Und bei den Exerzitien, da hab ich auch nie mitgemacht, weil ich gesagt hab: für mich ist das ein Blödsinn, drei Tag beieinanderhocken und kein Wort reden, bloß immer beten, und dann am Schluß noch eine Generalbeichte. Das seh ich nicht ein.

Ich wär auch nie ins Kloster gangen, obwohl's mir so oft angetragen worden ist. Da hätt mich niemand dazu bringen können. Das ist mir so gegen den Strich gegangen.

Es ist aber doch komisch: auch wenn man so stark beeinflußt wird, und alle um einem rum tun mit, daß dann plötzlich doch eine Bremse ist und man sagt: „Nein, da mach ich nicht mehr mit."

Merkwürdigerweise hat meine Schwester auch nicht versucht mich zu zwingen. Sie hat sogar ein paar Mal gesagt: „Ich hab Angst, ich hab dich zu sehr beeinflußt, du bist ganz anders als ich." „Nein, nein", hab ich gesagt, „das hast du nicht." Freilich, viel später hab ich erst gemerkt, daß sie mich doch sehr stark beeinflußt hat. Sie war ja viel älter als ich und hat mich mehr beeinflußt wie meine Mutter, wo doch eine ganze Generation dazwischen war. Sie war grad so viel älter, daß sie ein Vorbild war. Aber ihr war nicht ganz wohl dabei.

Aber wenn ich irgendwo hingehn wollt, dann hab ich mich hinter meine Schwester stecken müssen, denn meine Mutter hätt mich nirgends hinlassen, das war schlimmer wie im Kloster.

Ich bin sowieso nirgends hingangen, als mal mit einer Freundin ins Kino oder nach Starnberg sind wir ab und zu. Da sind wir zu Fuß hingangen, fünfundzwanzig Kilometer, damit wir das Fahrgeld sparen.

Wie ich schon älter war, schon Mitte zwanzig, da hat mich oft die Familie von meiner Freundin, der Praun Marie, eingeladen in den Bürgerbräukeller, zum Militärkonzert. Und dann hab ich's gesagt, daß ich da hingeh. „Ja, ist schon recht." Und wenn wir eine Weile drüben waren, auf einmal war meine Mutter da und hat geschaut, ob ich auch wirklich bei Prauns bin.

Wenn ich irgendwo hingangen bin, ich hab es ihr immer gesagt wo ich hingeh. Ich bin schon ausgelacht worden in Vereinen und überall: „Ach, jetzt kommt deine Mutter wieder und schaut nach, ob du wirklich da bist." Die hat überall nachgeschaut, hat mich immer getroffen, und hat mir doch nie getraut.

Ich bin halt ganz dem Vater nachgeraten im Temperament, nicht der Mutter.

Ich hätt auch immer gern schwimmen mögen. Das hat meine Mutter nicht verstanden. Geld für den Schwimmkurs hab ich ja auch nicht gehabt. Ich bin immer ins Volksbad gegangen und halt im Seichten rumgeplanscht.

Von der Galerie oben hab ich den anderen zugeschaut, wie die geschwommen sind. Dann hab ich gedacht: „Geh, da ist doch nix dabei, die machens doch wie die Frösch. Das bringst auch zusammen." Dann hab ich's halt probiert. Dann hab ich gesehen, wie der Lehrer einigen Schwimmunterricht gibt, daß die da ein Brettl haben in der Hand und nur die Füß bewegen. Dann hab ich mich daneben an die Stange hingehängt und mitgetan, wie der Lehrer gesagt hat.

Nach einigen Stunden sind die dann angehängt worden und so geschwommen. Ich bin ja immer zu den Schwimmstunden hin, wie wenn ich dazugehören tät. Dann bin ich also schnaufend immer danebenher, in der Näh von der Stange am Beckenrand. Ums Eck, wo keine Stange war, bin ich dann ganz schnell und furchtbar schnaufend rüber.

Dann hat mich der Bademeister rausgeholt und hat mich rausgeschmissen. Dann bin ich das nächste Mal wieder hingangen, alle Mittwoch und Samstag bin ich hin. Dann hab ich also das nächste Mal wieder dasselbe gemacht, und dann hat er mich wieder rausgeschmissen.

Dann, beim dritten Mal, ich war nicht abzubringen, ich wollt es unbedingt lernen, da hat er mich wieder rausgeholt. Hab ich mir gedacht: „Auweh, jetzt schmeißt er dich wieder raus." Aber er hat gesagt: „Paß auf, ich seh schon, du gibst nicht auf. Ich zeig dir's jetzt. Du mußt alle Bewegungen viel langsamer machen!"

Auf die Art hab ich's gelernt. Der war dann so nett, daß er mir sogar ein Geldstück runter geschmissen hat auf den Grund, damit ich das Tauchen auch lern. Der hat von mir kein Trinkgeld gekriegt, nichts. Ich hätt ja nix gehabt.

Wie alt werd ich gewesen sein, zwanzig oder einundzwanzig? Da hat die Bayerische Volkspartei einen Ball gegeben, im Fasching, und da wollt ich so gern hingehen. Dann hab ich gesagt: „Julie, gehst mit?" Hat die Julie gesagt: „Ja, wennst meinst, dann geh ich mit." Dann haben wir uns alle zwei angezogen und sind hingangen bis vors Türl. Dann hab ich mich nicht hineingetraut. „Nein" hab ich gesagt, „Juli, ich trau mich nicht." Tanzen hab ich auch nicht können. Dann sind wir wieder heimgegangen.

Im Herbst 1921 haben wir dann einen Tanzkurs gemacht, die Praun Marie und ich. Ich hab nur den ersten Kurs mitgemacht. Da hat man halt Landler und Schottisch und Rheinländer und Walzer gelernt. Wenn man den Kurs für Fortgeschrittene gemacht hätte, da hätte man Tango und Foxtrott und Charleston und sowas gelernt. Ich hab aber nur den ersten Kurs gemacht. Dann bin ich öfters zum Tanzen gegangen. Gern hab ich getanzt! Walzer hab ich gut können.

Der erste, der mir einen Heiratsantrag gemacht hat, da war ich achtzehn Jahre alt, hat im Haus gewohnt. Das war so ein Gratler, hat man damals gesagt, ein Hausierer. Und der war schon ein Vierziger. Der hat mir einen Heiratsantrag gemacht im Stiegenhaus draußen. Ich seh mich heut noch. Und da hab ich mich hingestellt und hab gelacht. Ich hab mich gebogen vor Lachen. Dann hat er gesagt: „Ja, warum lachst denn so?“ Dann hab ich gesagt: „Ja, wenn ich dran denk, daß ich heiraten soll“ und denkt hab ich mir: „Und obendrein noch dich!“ Das hab ich mich natürlich nicht sagen getraut. Aber er war beleidigt, weil ich ihn ausgelacht hab.

Meinen ersten Kuß hab ich im Tanzkurs kriegt vom Ferdl. Das war der beste Tänzer. Der war so umschwärmt, da macht man sich keinen Begriff. Der hat mich auch heimbegleitet ein paarmal. Da war aber die Praun Marie dabei. Und der hat mir dann einen Kuß gegeben, und dann hat er mir nochmal einen Kuß gegeben und dann hab ich gesagt: „Nein, nicht bloß mir, der Marie auch!“ Dann hat er pflichtschuldigst immer der Marie auch einen gegeben.

Aber das war nicht ernst, der hat mich auch nicht richtig – das waren bloß Bussl, kein echter Kuß. Den ersten richtigen Kuß hab ich dann erst vom Gottschalk gekriegt, das war aber viel später, da war ich siebenundzwanzig.

Ja und dann ist immer einer zum Kassieren kommen von der Christlichen Gewerkschaft. Der wollt mich immer einladen ins Gärtnertheater. Ich bin aber nie mitgangen. Ich hab immer gesagt: „Ja, ja, wir werden schon sehen.“

Der ist dann auch oft kommen, wenn ich nicht daheim war. Wenn ich heimkommen bin, war er da. Dann hab ich gesagt: „Mama, ich glaub der sieht dich gern.“ Ich hab wirklich gemeint, der mag meine Mama so gern.

Dann hat er mich einmal mitgenommen ins Gesellenhaus und seinen Eltern vorgestellt. Ich hab mich recht nett mit denen unterhalten. Aber ich hab dann gemerkt, daß es ernst gemeint ist, dann hab ich mich überhaupt nicht mehr blicken lassen. Ich bin dann sogar aus der Gewerkschaft ausgetreten.

Dann hätt mir die Schwester von der Brandmeier Bettl einen gewußt. Sie hat gesagt: „Sefa, ich wüßt dir einen zum Heiraten, der wär grad das Richtige für dich. So ein anständiger Mensch! Weißt“, hats gesagt, „der ist im Krieg verletzt worden, der kann nimmer, und du magst sowieso nicht.“ Wie sie da drauf kommen ist, weiß ich nicht, wahrscheinlich weil ich immer gesagt hab, ich heirat nicht. Dann hat sie gesagt: „Nicht, das wär doch grad das Richtige für dich!" „Nein", hab ich gesagt, „ich will nicht heiraten. Aber wenn ich heiraten tät, dann müßt's schon ein ganzes Mannsbild sein. Einen solchen mag ich auch nicht."

Ich hätt ja drauf eingehen können, aber ich hab mir denkt: dem fällt vielleicht ganz was anderes ein, und das hätt ich gefürchtet. Und wahrscheinlich, auf die Dauer wär das überhaupt nicht gegangen.

Dann ist der Angerpointer aufgekreuzt. Das war so ein Semmelblonder. Den hab ich beim Tanzen im Fasching kennengelernt. Und der hat dann ernste Absichten gehabt. Meiner Mutter hätt er auch gefallen. Und ich – ich war halt – ich weiß selber nicht – wenn er mir einen Kuß gegeben hat, dann hab ich mir denkt: „Am liebsten tät ich dir jetzt von hinten ein Messer neirennen!"

Er ist dann weg nach Immendorf im Allgäu. Da hat er eine Stelle angenommen als Schäffler, weil's hier schon knapp war mit der Arbeit. Da hat er dann gesagt wie er weggangen ist: „Mit dir könnt ich ja nochmal ein Jahr gehen, und es käm nix zustand bei uns zwei, weil du bist immer so abweisend, da dürfte ich mir ja nebenbei noch eine kaufen, wenn ich mit dir geh." Dann hab ich mir denkt: „Hätt'st es halt gemacht, mir ist das doch wurscht!" Er ist später wieder kommen und wollt mich heiraten, aber dann hat er doch gemerkt, daß bei mir gar nichts zu machen ist, dann hat er's aufgeben.

Und einmal war so ein Unterhaltungsabend von den christlichen Vereinen, da waren lauter junge Burschen und Mädel da, und da war einer, der hat hypnotisieren können. Wenn der gesagt hat: „Sie fassen sich alle an den Händen, und jetzt können Sie die Hände nicht mehr loslassen!" dann haben die wirklich nicht mehr loslassen können. Der hat alle hypnotisiert, nur mich nicht, weil ich nicht mögen hab.

Ich hab aus irgendeinem Grund mein Poesiealbum dabeigehabt. Da hat er dann einen hypnotisiert, daß er mir das Album stiehlt.

Da hat er mir ein Gedicht hineingeschrieben: „Schwarzes Auge, böser, falscher Dieb! Sprich, oh sprich, wo deine Seele blieb! Krause Locke ringe Gold in Gold, denn du mahnst an junger Reben Trieb!" Das hat er selber gedichtet gehabt.

Er hat mir auch einen Mordsbrief geschrieben, also er liebt mich, und er würde mich heiraten, und er würde auch das Opfer bringen und mich als Jungfrau zum Altar führen, wenn ich das wünsche. Lieber würde er sich inzwischen eine kaufen. Ja, das hat er geschrieben. Ich hab auf den Brief gar keine Antwort gegeben.

Aber: so katholisch wie man war, daran hat man nichts gefunden: den Männern ist alles erlaubt, die Frauen müssen immer rein sein. Daß die Männer sich einfach Huren kaufen, das macht nichts, das hat noch nie was ausgemacht. Nur die Frauen müssen immer sauber bleiben. Und wir Frauen haben das gefressen.

V. MIT DER TRAMBAHN IN DIE NERVENKLINIK – HAKENKREUZ UND STAHLHELM – EIN PAPPENDECKELSARG FÜR VIER BILLIONEN

Das muß 1921 gewesen sein, da ist in München ein Film gelaufen, der hat geheißen „Nerven“, da ist ein Wahnsinniger vorgekommen. Der Film war – also nach meinem damaligen Gefühl – sehr gut. Da sind dann aber einige Leute, die den Film gesehen haben, in die Nervenklinik eingeliefert worden. Danach ist er verboten worden.

Ich hab zu meiner Freundin Bettl gesagt: „Geh bloß nicht in den Film, der ist dermaßen aufregend!“ Natürlich ist sie erst recht hingegangen.

Dann ist sie heim und ins Bett, und dann, mitten in der Nacht, ist sie im Nachthemd auf die Straße hinausgerannt und hat geschrien: „Ich sterbe! Ich sterbe! Jetzt sterbe ich!“ Da hat sie auf einmal nach der Schrift geredet.

Ihre Eltern sind ihr gleich nach und habens wieder eingeholt. Aber weil sie dann noch öfter so Sachen gemacht hat, wollt ihre Mutter sie in die Nervenklinik bringen.

Dann ist sie zu mir kommen und hat mir alles erzählt und hat gesagt: „Stell dir vor, jetzt will mich meine Mutter in die Nervenklinik bringen!“ Dann hab ich gesagt: „Ja, ja Bettl, es wär vielleicht auch besser, du gingst.“ „Nein, nein, ich laß mich von meiner Mutter nicht hinbringen!“ Dann hab ich gesagt: „Ja, soll ich dich hinbringen?“ „Ja, wenn du mich hinbringst, dann geh ich“, hat sie gesagt.

Dann bin ich zu ihrer Mutter und hab gesagt: „Also: ich bring die Bettl jetzt in die Nervenklinik.“ Dann hat sie gesagt: „Ist schon recht“ und hat mir das Trambahngeld geben. Dann sind wir mit der Trambahn hingefahren.

Ich hab ja von dem keine Ahnung gehabt, wie sich das auswirkt, gell. In der Trambahn drin hat sie geweint und gelacht und geschrien. Da waren noch so lange Bänke in der Trambahn, da ist man sich so schön gegenüber gesessen. Alle Leute haben einen gesehen, war ziemlich voll die Trambahn, und sie hat immer geschrien: „Jetzt bin ich närrisch, jetzt bin ich närrisch!“

und hat gelacht und geweint, und ich hab mir denkt, ich komm nie mehr an. Ich hab mir vorgenommen: „Nie wieder bring ich eine Narrische mit der Trambahn in die Nervenklinik!"

Dann wollten die sie nicht behalten. Die Schwester hat gesagt: „Wir sind überfüllt, im Augenblick geht's nicht." Ich hab mit Engelszungen auf sie eingeredet. Dann hab ich gesagt: „Schwester, Sie können jetzt sagen, was Sie wollen, ich nehm sie nimmer mit heim."

Dann hat sie einen Arzt geholt, da hab ich dann gar nimmer viel reden brauchen. Der hat gesagt: „Ja, da müssen wir halt ein Notbett aufstellen, die darf nimmer heim."

Da ist sie so vier bis sechs Wochen drin geblieben, dann ist sie nach Haar gekommen, das hat damals noch Eglfing geheißen. Da war sie ein Vierteljahr drin. Dann hat sie ihre Mutter auf eigene Verantwortung wieder rausgeholt. Da hat man ihr eigentlich nichts mehr angemerkt.

Dann hat sie aber keine Arbeit gehabt, und die Gruber Anni und ich, wir waren auch grad arbeitslos. Die Anni war Schneiderin, aber das Geschäft ist auch nicht mehr gangen, weil die Leut kein Geld mehr gehabt haben für Kleider.

Ich hab vorher in der Bayern-Metall gearbeitet als Hilfsarbeiterin, wo ich halt grad was gekriegt hab, hab ich gearbeitet. Da sind dann auch so viele von uns entlassen worden.

Da ist mir eingefallen, daß der Praun Hermann und der Hiller Fritz, die waren Theologiestudenten, daß die in den Ferien so in Deutschland herumgewalzt sind, von einem Pfarrhof zum andern, und ein bißl am Land gearbeitet haben. Da hab ich gesagt: „Was die können, können wir auch. Jetzt lassen wir uns vom Präses Maurer" – das war der Präses vom Arbeiterinnenverein – „eine Bestätigung geben, daß wir bei ihm im Verein sind, dann gehn wir aufs Land und melden uns bei den Pfarrhöfen und schaun, daß uns die irgendwo unterbringen, daß wir bei Bauern vielleicht irgend eine Arbeit machen, daß wir wenigstens daheim weg von der Schüssel sind."

Das haben wir dann auch gemacht. Der Maurer hat uns die Bestätigung geschrieben und dann sind wir los. Das Geld zum Fahren hat grad bis Holzkirchen gereicht. Zum Heimfahren hätten wir kein Geld mehr gehabt, wir waren aber auch fest überzeugt, daß wir unterkommen.

Dann sind wir also von Holzkirchen aus weitergegangen, zu Fuß, einfach aufs Geratewohl. Dann sind wir nach Leindern gekommen, und da haben wir dann in einem großen Hof gefragt nach Arbeit. Dabei hat uns die Bäurin gar nicht hinlassen, sie hat schon von weitem geschrien: „Gehts weg, gehts weg! Ihr tragts mir die Maul- und Klauenseuch rein!"

Damals hat die Maul- und Klauenseuche so arg geherrscht.

Wir haben gemeint, ob sie uns wenigstens einen Schluck Milch geben könnt, aber sie hat uns gar nicht in die Näh lassen.

Wie's uns beim nächsten Hof genau so gangen ist, sind wir schon sehr entmutigt weitergangen. Die andern zwei haben schon zum Weinen angefangen. Dann hab ich die Tapfere sein müssen. Dabei war mir 's Herz selber schon runtergefallen bis in die große Zehe. Dann hab ich ihnen halt doch gut zugeredet wie einem kranken Gaul und wir sind weitermarschiert und sind nach Darching gekommen, das sind fünf Kilometer weiter.

Da haben wir dann nach dem Pfarrhaus gefragt. Dann hat so ein g'schnappiges Bauerndirndl gesagt: „Bei uns gibt's kein Pfarrhaus net, mir ham bloß a Exposi!"*

Sie hat uns aber den Weg gezeigt und wir sind hin und haben geläutet. Dabei hat der außen am Haus so eine Glocke gehabt, und da haben wir am Glockenstrang gezogen, und das hat gescheppert! Ganz entsetzlich hat das gescheppert! Und wir waren doch so am Boden zerstört, alle drei voll Angst, und dabei macht die Glocke einen solchen Krach! Jetzt fangen die zwei 's Lachen an, und ich mit, und die Bettl hat gleich in die Hose gepieselt vor lauter Lachen, und dann macht der Pfarrer auf und wir lachen was wir können, wir haben uns nicht derfangen können.

Dann hat er sich geärgert und gemeint, wir lachen ihn aus, und wollt uns schon die Tür wieder vor der Nasen zuhaun. Dann hab ich schnell gesagt: „Bittschön, Herr Hochwürden, hörens uns wenigstens an! Wir kommen von München und suchen eine Arbeit, wir haben auch eine Bestätigung vom Präses Maurer, daß wir bei ihm im Katholischen Arbeiterinnenverein sind."

Dann hat er sich die Bestätigung geben lassen. Dann hat er gesagt: „Mei, die ist ja nicht einmal gestempelt, die hätt ja jeder unterschreiben können."

Ich bin furchtbar erschrocken, aber er hat gesagt: „Sie haben Glück, ich kenn den Mann zufällig, das ist ein Studienkamerad von mir." Mei, waren wir froh! Er hat dann gesagt: „Jetzt geh ich halt einmal mit euch hausieren."

Dann ist er mit uns los: erst zum Schweitzer, die waren auf dem Feld und niemand daheim, dann zum Schatzl, da war auch niemand da, dann zum

* Expositur

Zacherl, da war die junge Bäurin da. Die hat auch gleich geschrien: „Nicht hergehn, nicht hergehn, daß wir nicht auch die Maul- und Klauenseuche kriegen!"

Dann hat der Pfarrer gesagt: „Bäurin, ich hätt da drei junge Madln, die sucheten irgendeine Arbeit, hast nix? Brauchst keine?" „Ja", hats gesagt, „zum Kindsen könnt ich eine brauchen." Dann hat er gefragt: „Wer von euch mag kindsen?" Da haben wir uns dumm angeschaut. „Was ist denn das, kindsen?" „Kindsmagd machen", hat er gesagt. „Das soll die Sefa machen", haben die anderen gesagt.

Dann bin ich beim Zacherl blieben als Kindsmagd. Da hat's mir gut gefallen, ich bin später noch oft hin zu Besuch.

Zuerst haben wir ausgemacht gehabt, wir gehen alle drei nur in ein Haus, aber dann waren wir froh, wenn wir überhaupt unterkommen.

Zu den zwei andern hat der Pfarrer gesagt: „Wir probierens am Abend nochmal bei den andern Höfen, wenn die Leut zurück sind vom Feld."

Er hat dann die Anni untergebracht beim Schatzl als Näherin, und dann ist er nochmal zum Schweitzer. Die sind dann auch vom Feld dagewesen, und da ist dann die Bettl untergekommen. Die hat aber Bauernarbeit tun müssen.

Nach ein paar Monat sind wir wieder heim, die Anni und ich, weil wir in München wieder eine Arbeit gekriegt haben. Die Bettl ist noch blieben. Und dann hat ihr eines Tages ein Knecht hinterrücks einen Eimer kaltes Wasser drübergeschüttet, so aus Gaudi. Und da fangt sie wieder zum Spinnen an, rennt zum Bahndamm und will sich überfahren lassen.

Sie sind ihr gleich nach und habens nach Holzkirchen ins Krankenhaus gebracht. Die wolltens wieder einliefern nach Haar. Da ist sie ihnen durchgebrannt. Es ist in der Zeitung gestanden, daß aus dem Krankenhaus Holzkirchen eine Geisteskranke durchgebrannt ist und wahrscheinlich hilflos herumirrt. Wenn man sie sieht, soll mans gleich der Polizei melden. Sie ist aber gar nicht herumgeirrt, sondern ganz schön heim zu ihrer Mutter nach München kommen. Die hat sie dann nimmer fortlassen, und sie hat sich wieder beruhigt.

Ich hab dann in einer Wäscherei und Vorhangspannerei gearbeitet, beim Hieber. Damals hat man noch die Zwirn- und Tüllvorhänge gehabt. Da waren in einem Raum unterm Plafond Rahmen, da hat man die Vorhänge nach dem Waschen einspannen müssen, daß sie wieder eine Façon kriegen.

Kunststopfen haben wir sie auch müssen. Da haben wir mit der

Nähmaschine direkte Blumenmuster reingemacht, alles mögliche. Ich war zuerst nur zum Vorhangspannen eingestellt. Dann ist aber die Kunststopferin krank geworden. Dann hab ich gesagt: „Geh, lassens mich hin, ich glaub, daß ich das auch kann." Ich hab das dann so schnell kapiert, daß sich alle gewundert haben. Dann hab ich abwechselnd Vorhänge gespannt und geflickt, wie's grade gekommen ist.

Ich bin dann aber weg, weil mir eine Freundin was in einer Baufirma gewußt hat im Büro, und ins Büro wollt ich lieber. Ich hab da auch mehr bezahlt gekriegt.

Um die Zeit hat die Praun Marie ein uneheliches Kind gekriegt. Sie ist mit einem vom „Stahlhelm" gegangen. Der „Stahlhelm" – ja das war so: weil Deutschland nach dem Versailler Vertrag nur ein Hunderttausend-Mann-Heer hat haben dürfen, ist damals der „Stahlhelm" gegründet worden, das war so eine Art heimliche Armee. Da hat es ein Lied gegeben: „Hakenkreuz und Stahlhelm, schwarz-weiß-rotes Band", weiter weiß ich den Text nimmer.

Wie die Marie schwanger war, hat sie nimmer heim dürfen. Sie hat beim Hieber arbeiten müssen, ohne Lohn, nur gegen Kost und Wohnung. Der Hieber hat doch sowas schwer ausgenützt. Entbunden hat sie in einer Klinik, und das Kind ist dann gleich in Kost kommen, auswärts, daß ja niemand was erfährt. Dann haben sie noch ein paarmal den Kostplatz gewechselt, ich weiß nicht warum, und dann ist es gestorben. Das ist kein Jahr alt geworden.

Um die Zeit, 1923, muß es auch gewesen sein, daß die Franzosen das Rheinland besetzt haben und später die Ruhr. Da waren so viele Schwarze dabei, da hat man dann immer von der „Schwarzen Schmach" geredet.

Mit meiner Schwester bin ich öfter in so politische Versammlungen gangen, die war da sehr interessiert. Und da war ich auch einmal mit ihr im Bürgerbräukeller, und da hat einer gesprochen, ich vermute, daß das der Hitler war. Damals war der einem ja noch nicht so bekannt, aber weil er so über die Juden geschimpft hat. Er hat gesagt, wenn eine deutsche Frau von einem Juden ein Kind bekommt, so ist das genau, wie wenn eine weiße Frau von einem Neger ein Kind kriegt. Nach so und so vielen Generationen kommt immer wieder ein Kind, das dieser jüdischen Rasse gleichsieht, die ist so stark, die läßt sich nicht unterdrücken.

Also die Partei vom Hitler war's auf jeden Fall, ich weiß bloß nicht, ob's er selber war. Meine Schwester hat gesagt: „Eigentlich müßt man ja direkt zu der Partei dazugehn!“

Weil die war auch so eine Judenhasserin. Weil man eben immer gesagt hat: „Die Juden beuten die Christen aus.“ Das ist uns eingeimpft worden von Kind auf. Man hat halt nie was anderes gehört. Wahrscheinlich war es das: man ist doch so religiös erzogen worden, und die Juden haben doch Christus umgebracht. Obwohl: wenn man so überlegt ist ja Christus selber ein Jude gewesen.

Persönlich haben wir keine schlechten Erfahrungen mit Juden gehabt. Wir haben immer beim Mendelsohn eingekauft, das war auch ein Jud.

Am 9. November 1923 war der Marsch zur Feldherrnhalle. Ich hab damals grad hinter dem Odeonsplatz meine Schwester abgeholt, die hat da gearbeitet. Wie wir dann über den Odeonsplatz gehen wollten, haben wir nicht mehr können. Jemand hat gesagt: „Da könnts nimmer geh'n, da ist eine Schießerei, da sind wieder die Hitlerbuben, da geht's so zu, es wird geschossen.“

Wir haben dann einen Mordsumweg gemacht über den Marienplatz. Ich weiß das noch gut, weil meine Schwester da in einem Schweinmetzgerladen eine Jagdwurst gekauft hat. Die hab ich noch nicht kennt damals, und die hat mir dann so geschmeckt.

Hinterher haben wir erfahren was los war, daß die Nazi vom Bürgerbräukeller da nei marschiert sind zur Feldherrnhalle, der Hitler, der Ludendorff und der Göring waren dabei. Und irgendwie hat es dann eine Schießerei zwischen der Polizei und den Nazis gegeben. Dem Hitler ist nix passiert, aber sechzehn Nazi sind gefallen. Die Leut, die dabei waren, das waren dann später die „Blutordensträger“, und der Marsch zur Feldherrnhalle ist später alle Jahr in einem feierlichen Umzug wiederholt worden. Und an der Feldherrnhalle ist – wie der Hitler schon am Ruder war – ein Mahnmal für die Gefallenen von 1923 errichtet worden. Da hat man mit erhobener Hand grüßen müssen, wenn man vorbei gangen ist. Da bin ich immer das kleine Straßerl dahinter gangen, damit ich nicht vorbei muß. Da sind aber viele so gangen. Das hat dann deshalb „Drückebergergasserl“ geheißen, weil da alle durch sind, die sich vor dem Grüßen gedrückt haben.

Also der Hitler ist damals geflohen, aber erwischt worden und hat Festungshaft gekriegt. Da haben wir gesagt: „Gottseidank, jetzt ist Ruh.“ Dann haben sie ihn aber bald wieder freigelassen.

Den Ludendorff haben die Leut bei uns nie mögen, der hat so eine arrogante Art gehabt. Der war absolut unbeliebt, jedenfalls bei den Leuten, die ich gekannt hab.

Einen von den „Blutordensträgern" hab ich gekannt. Der hat bei uns um die Ecken ein Spielzeugladerl gehabt. Der war mit dem Hitler befeundet, der war am Stammtisch mit ihm zusammen. Da müssen sie in einer Wirtschaft im Tal gewesen sein. Da war der Hitler noch niemand. Und einmal, wie sie den Hitler verhaften wollten, da hat ihn der versteckt in der Puppenklinik hinter seinem Laderl, mitten zwischen den kaputten Puppen in der Werkstatt hat er ihn versteckt.

Später wie der Hitler an der Macht war und am Prinzregentenplatz das Haus gehabt hat, da hat er dann dem seine Kinder öfter zum Essen eingeladen. Da haben wir oft das Auto vom Hitler da stehen sehen. Aber sonst hat er nicht viel für ihn getan. Na ja, wie's schon kein Spielzeug mehr gegeben hat, da hat der die HJ-Uniformen verkaufen dürfen. Aber sonst: ein jeder hat gesagt: „geh, der hat doch allerhand riskiert damals, da könnt ihn der Hitler schon mehr unterstützen!"

Er ist noch vor Kriegsende gestorben. Seinen Kindern hat man dann nach dem Krieg gleich das Laderl weggenommen, obwohl die doch eigentlich nix dafür gekonnt haben, der älteste Sohn war erst 18.

Die Leut haben später gesagt: *„Der* Hitler wär gar nicht so schlimm, aber *die* Hitler!" Viele haben gedacht, der Hitler weiß gar nicht, was alles passiert.

1923, da war auch der Höhepunkt der Inflation. Da wenn man seinen Lohn gekriegt hat, ist man sofort zum Einkaufen gerannt, weil man am nächsten Tag vielleicht grad noch eine Semmel dafür gekriegt hat.

Um die Zeit ist auch meine Schwester gestorben. Die Julie war immer kränklich. Sie ist zu keinem Doktor mehr gegangen, weil einmal einer zu ihr gesagt hat: „Was Sie haben, haben alle jungen Mädchen."

Dann ist sie immer so rumgegangen, hat sich den Bauch gehalten und hat immer gejammert über Bauchweh, und furchtbar erbrechen hat sie müssen, und eines Tages hat sie überhaupt nicht mehr aufstehen können und hat nur noch gelallt. Sie hat nimmer reden können. Dann hab ich gleich den Doktor geholt, dann hat er gesagt: „Warum holens mich jetzt, jetzt ist 's schon zu spät. Sofort ins Krankenhaus!"

Er hat gleich die Sanitäter gerufen und sie ist nüber kommen ins „Krankenhaus rechts der Isar". Neun Tag wars drin, dann ist sie gestorben, an Weihnachten 1923. Ich war noch bis um sechs Uhr drin, dann haben wir gehen müssen, und um halb sieben ist sie gestorben. Sie hat noch einen Pfannkuchen im Mund gehabt.

Das war die schlimmste Zeit damals. Einen Pappendeckelsarg hats bloß gekriegt. Die Beerdigung ist zum größten Teil auf Armenfürsorge gangen. Aber wir haben noch – ich weiß nicht mehr für was – wir haben noch vier Billionen zahlen müssen. Und da hats bloß einen Pappendeckelsarg kriegt. Ihr schönstes weißes Kleidl haben wir ihr angezogen und ihre silberne Medaille von der Jungfrauenkongregation umgehängt, damit sie wenigstens schön drin liegt im Sarg. Zweiunddreißig Jahr war sie alt.

Geg. T. B. Nr. 16239

Quittung

über

4''' Mk.

Vier Billionen Mark

welche für die Erd-/Feuer-Bestattung der Frl. Juliana Halberger anher bezahlt wurden.

München, den 27. Dez. 1923

Kasse des Bestattungsamtes.

Kassenführer: Gegentagebuchführer:

Gegenwärtige Quittung hat nur Gültigkeit, wenn sie das Kassensiegel sowie die Unterschriften des Kontrollbeamten und des Kassenführers trägt.

(Ku. 1).26.III.23 10000.

Bei der Obduktion haben sie festgestellt: eine veraltete Tuberkulose, eine offene Tuberkulose, Blutzersetzung und eitrige Bauchfellentzündung, das war die eigentliche Todesursache. Sie hat Blinddarmentzündung gehabt, der ist durchgebrochen, weils nicht zum Doktor gangen ist. Aber sie haben gesagt, sie hätt auch so nimmer lang gelebt, dann wärs an der Blutzersetzung gestorben.

Kurz vor ihrem Tod hab ich einen Schoklad gekauft, den ersten, den ich gesehn hab, in einer Drogerie am Max-Weber-Platz. Da bin ich grad ins Krankenhaus und hab meine Schwester besuchen wollen. Da seh ich den Schoklad. Dann bin ich rein, hab eine Tafel gekauft und hab mir gedacht: „Den bring ich jetzt meiner Schwester."

Aber weil ich halt auch schon so lang keinen mehr gehabt hab, hab ich zuerst ein Bröckerl gegessen und dann noch ein Bröckerl, bis der halb zusammengegessen war, der Schoklad. Die andere Hälfte hab ich dann gespart und habs ihr bracht und habs ihr erklärt, daß ich halt das gegessen hab. Ich wollt ihr das Ganze bringen und hab das gegessen. Dabei ist sie am andern Tag gestorben. Das hat mich dann so gereut, gell, daß ich ihn ihr nicht ganz gebracht hab.

Wie sie gestorben ist, war sie also zweiunddreißig Jahr alt, im Februar wär sie dreiunddreißig geworden. Und sie war noch Jungfrau, das habens auch festgestellt bei der Obduktion.

Die Inflation war dann bald aus. Dann ist die Rentenmark eingeführt worden. Eine Billion ist eine Rentenmark geworden. Da hat's erst recht wieder Arbeitslose gegeben. Da sind dann viele nach Amerika ausgewandert, sehr viele.

VI. BUBIKOPF UND BLONDE STRÜMPFE – LIMO IN ANDECHS UND EIN MUND VOLL BLUTWURST – EIN LASTWAGEN VOLLER HITLER

Damals in den zwanziger Jahren hat sich auch die Mode stark geändert. Da sind die taillenlosen Kleider aufgekommen und der Bubikopf. Ich hab mir 1924 einen schneiden lassen, und ich war die erste im Geschäft und in den Vereinen. Nein! Im Geschäft war ich nicht die erste, es war schon eine vor mir im Geschäft, der hat dann die Chefin gekündigt, weil sie einen Bubikopf getragen hat. Und dann hab ich ihn mir schneiden lassen. Ich hab mir gedacht: „Das ist mir jetzt wurscht, und wenn sie mich nausschmeißt, ich werd schon wieder was kriegen." Dann hab ich mir einen Bubikopf schneiden lassen. Wie ich ins Geschäft komm, habens alle gesagt: „Ja, die Sefa hat einen Bubikopf! Frau Hieber, die Sefa hat einen Bubikopf!" Dann hat mich die Chefin so angeschaut und hat gesagt: „Na, für Ihre Ratzenschwanzel ist auch nicht schad."

Damit hat sich dann im Geschäft der Bubikopf auch durchgesetzt, weil: dann hat sie's den anderen nicht mehr verbieten können, weil sie es bei mir genehmigt hat. Dann haben sich die anderen auch getraut.

Und im Arbeiterinnenverein hats auch Furore gemacht. Das war damals die knabenhafte Mode. Man hat auch keinen Busen mehr haben dürfen. Man hat entweder gar keinen Büstenhalter getragen oder man hat den Busen damit fest zusammengequetscht.

Vorher, also bis zum Ende des ersten Weltkriegs, da haben ja die Frauen noch Korsetts getragen. Und Strumpfbandl hat man gehabt. Strapsgürtel sind erst später aufkommen. Ich hab welche als Geschenk gemacht. Da hab ich Bänder gereiht und einen breiten Gummi damit überzogen, und dann hab ich noch aus Seide Blumen dran gemacht.

Florstrümpfe hat man früher gehabt, Wollstrümpfe nur im Winter. Flor, das war ein dünnes Gewebe, auch schon durchsichtig, zum Teil sogar mit Spitzen eingesetzt, das war sehr hübsch. In den zwanziger Jahren sind dann die Seidenstrümpf aufkommen.

Aber man hat ja früher vorwiegend schwarze Strümpf gehabt, später sinds dann so braun geworden. Einmal hat man auch blonde Strümpf gehabt, hab ich auch gehabt: blonde Strümpf und blonde Schuh.

Meine Freizeit hab ich halt in den Vereinen verbracht. Dann hat mich einmal eine vom Dienstmädchenverein angeredet: „Du, wir machen einen Ausflug nach Andechs, komm doch mit!"

Bin ich mitgefahren. Wir sind mit dem Zug nach Herrsching gefahren. Bis dahin ist alles gut gegangen. Dann sind wir ausgestiegen. Dann hat der Nierlinger, das war der Präses vom Dienstmädchenverein, gesagt: „So, jetzt schließt euch auf, jetzt beten wir einen Rosenkranz!" Dann hab ich mir denkt: „Sauber, das kann schön fad werden, Rosenkranz beten, und das noch den Berg nauf! Na ja", hab ich mir denkt, „einen kannst dir ja gefallen lassen, in Gottes Namen." Haben wir einen Rosenkranz gebetet. „So, und jetzt beten wir den zweiten." Da haben wir schließlich alle drei Rosenkränz gebetet, den freudenreichen, den glorreichen und den schmerzhaften, alle drei. Das nennt man einen Psalter. Gestunken hat es mir! Ich hab doch eine Unterhaltung wollen. Ich hab nicht laut mitgebetet, aber eine Wut hab ich trotzdem gehabt, weil das nicht unterhaltlich ist, gell, wennst drei Rosenkränz den Berg nauf betest.

Also, dann sind wir glücklich naufkommen, auf den Berg. Dann haben wir gleich in die Kirch müssen zum Gottesdienst.

Nach der Kirch hat er gesagt: „So, jetzt kehren wir ein." Na, da war ich aber froh! Hab ich mich schon gefreut. Da war so ein Holzsaalettl, so hat man's damals geheißen, eine Holzhalle, und da haben die Mönch seinerzeit noch selbst bedient. Und da hat er uns dann ermahnt: „So, wir wollen jetzt noch ein Opfer bringen und kein Bier trinken sondern ein Limo."

Dann ist mir der Kragen platzt. Dann hab ich mir denkt: „Nein! drei Rosenkränz hast bet, immer bergauf, ein heißer Tag ist's, in der Kirch warst, und die Mönch schenken das Bier selber aus, das gute Andechser Klosterbier, was die Mönch selber so gern mögen, und ich soll ein Limo trinken!" Dann hab ich mir gedacht: „So, jetzt kann's krumm gehn oder grad, ich bestell mir ein Bier."

Und ich war wirklich die einzige. Der ganze Verein hat sich ein Limo bestellt, und ich als einzige ein Bier. Also wenn damals Blicke hätten töten können, dann tät ich heut nimmer leben, so hat mich der angeschaut.

Meine Schwester hat den schon gekannt, die hat ihn immer den

„Wasserapostel“ genannt, weil ihr das auch zuviel war. Dabei war das wirklich keine – die hat keinen Wein gar nicht gekannt, nur hin und wieder ein Quartel Bier hats halt auch mögen.

Der Nierlinger, das war der, der dann später auf einem Ohr so schlecht gehört hat. Das hat sich rumgesprochen, und da sind wir dann immer auf die Seite zu ihm zum Beichten gegangen, wo er nix gehört hat. Er hat nie was gesagt, aber man hat's gemerkt, weil man dann viel weniger Buß aufgekriegt hat. Der war an sich sehr streng im Beichtstuhl.

Die Brandmeier Bettl ist einmal zu ihm zum Beichten gegangen und nicht absolviert worden, weil sie bloß zwei Kinder gehabt hat, nicht mehr. Dabei war sie offen tuberkulös. Er hat sie sogar eine Hure genannt. Sie war aber kirchlich verheiratet, nur weil sie keine Kinder mehr wollt, hat er sie eine Hure genannt. Das war Ende der zwanziger Jahre.

Im Verein hab ich auch meinen späteren Mann kennengelernt, das war der Bruder von der Marie. Wir haben zusammen Theater gespielt im Stück vom armen Waisenkind. Er hat aber fürs Ender Pepperl geschwärmt. Die war rothaarig und hat das Waisenkind gespielt. Er war bei keinem Verein, aber wenn wir halt bei der Jungfrauenkongregation ein Mannsbild gebraucht haben, haben wir ihn geholt, und er hat immer begeistert mitgetan.

Er hat damals den Kerkermeister gemacht und ich das Dienstmädel. Das war aber in der ganz schlechten Zeit. Da hats so eine Blutwurst gegeben ohne Marken, die war so trocken, da war nicht ein Gramm Fett drin, das war furchtbar. Und da hab ich auf der Bühne von der Wurst runterbeißen müssen. Weils aber so trocken war, hab ichs nicht nunterbracht, nicht um alles in der Welt. Jetzt hätt ich reden sollen und hab nicht reden können, weil ich den ganzen Mund voll Blutwurst gehabt hab. Dann hab ich einfach die Wurst in die Hand gespuckt, hab geredet, und dann hab ichs wieder neigeschoben in Mund und hab weitergessen. Da hab ich einen Riesenerfolg gehabt damit. Auf das war ich nicht gefaßt. Ich hab Angst gehabt, was sich die Leut denken werden, wenn ich die Wurst in die Hand spuck. Aber ich hab ein bißl ein deppertes Dienstmädel spielen müssen und – also da bin ich zum Erfolg kommen wie d'Jungfrau zum Kind.

Ich bin dann wieder arbeitslos geworden, weil in dem Baubüro, in dem ich damals gearbeitet hab, ist der Architekt plötzlich an Herzschlag gestorben. Dann bin ich ins Arbeitsamt zum Stempeln.

Zu Hiebers in die Wäscherei wollt ich nimmer, weil ich von der Marie erfahren hab, daß eine der Chefin reinen Wein eingeschenkt hat, daß ihr Mann so nebenaus geht. Die Chefin hat ihrem Mann schwere Vorwürfe gemacht, und wie der gefragt hat, von wem sie's weiß, hat sie gesagt: „von der Sefa", weil sie der andern nicht schaden wollt. Die hat ja noch dort gearbeitet, und ich war weg, da hats gemeint, mir machts nix.

Wie ich im Arbeitsamt steh wegen meinem Stempel, kommt ein Anruf, ausgerechnet vom Hieber! Dann hat die im Arbeitsamt gesagt: „Gehns gleich da hin zur Firma Hieber!" Dann hab ich gesagt: „Nein, da geh ich nicht hin, da hab ich schon einmal gearbeitet, und da hat es eine Ratscherei gegeben, wo ich unschuldig in Verdacht kommen bin. Da kann ich nicht hingehn." „Dann kriegen Sie keine Arbeitslosenunterstützung."

„So", hab ich mir gedacht: „jetzt sitzt du in der Tinte. Jetzt mußt hingehen, ob du willst oder nicht." Das war in der Früh um halb neun Uhr. Dann hab ich mir gedacht: „da geh ich erst auf d'Nacht hin, bevors den Laden zumachen, inzwischen werdens schon jemand haben, weil die vom Arbeitsamt schicken ja immer mehrere."

Dann bin ich auf d'Nacht um halb sechs hingangen. Und wie ich hineingeh bei der Tür kommt wie aus einem Munde: „Ja Seferl!" Hab ich gesagt: „Ja, ich komm aber nicht freiwillig. Ich komm weil ich muß. Das Arbeitsamt schickt mich her. Wenn ich nicht hergeh zu Ihnen, krieg ich keine Unterstützung mehr, sonst wär ich nicht herkommen." „Ja warum denn? Mögens denn nicht arbeiten bei uns?" „Davon ist gar keine Rede. Aber ich weiß was geratscht worden ist, da werden Sie mich sowieso nimmer wollen." „Ja, wär schon gut", hat der Chef gesagt, „Sie brauch ich ja nicht anzulernen, Sie können ja alles. Ich hab jetzt eine eingestellt", hat er gesagt, „die hat einen kurzen Fuß, die tut sich hart, wenn sie auf die Leiter steigen muß. Die hat auch eine blinde Mutter, jetzt hab ich sie halt genommen. Aber wenn ich eine krieg, die die ganze Arbeit kann, dann nehm ich doch lieber die."

Mei, mir hat das Mädel so leid getan. Ich hab gesagt: „Nein, wegen mir brauchen Sie das Mädel nicht auszustellen. Sie brauchen mir bloß eine Bestätigung schreiben, daß ich da war, und daß Sie schon jemand haben." Aber er hat gleich das Arbeitsamt angerufen. Die haben gesagt, das geht so nicht, er muß das Mädel mindestens drei Tage zur Probe beschäftigen. Sie nur einfach wieder ausstellen, weil er jetzt jemand hat, der ihm besser gefällt, das geht nicht. Nach drei Tagen kann er sie mit der Begründung entlassen, daß er nicht zufrieden ist. Und er hat gesagt: „Ist recht, das mach ich.“

Na ja, die im Arbeitsamt haben ja dann Bescheid gewußt, warum er sie wieder entlassen hat. Aber für das arme Mädel wird's ein Schock gewesen sein. In der damaligen Zeit, gell, das war 1924.

Ich hab dann also nach drei Tag angefangen. Einige Zeit später haben Hiebers dann für ihre Filiale eine Filialleiterin gebraucht. Sie haben in der Zeitung ausgeschrieben nach einer. Es haben sich auch einige vorgestellt. Die hätten aber Kaution zahlen müssen, und da hat's halt meistens gehapert. Manchen war auch die Wohnung zu windig, die dabei war.

Dann hat der Chef zu mir gesagt: „Sefa, täten Sie das nicht machen mögen?“ Dann hab ich gesagt: „Aber ich hab keine Kaution. Ich kann Ihnen keine Kaution stellen.“ „Nein um Gottes Willen“, hat er gesagt, „von Ihnen brauch ich keine Kaution. Ich weiß, daß Sie grundehrlich sind.“

Auf das hin hab ich die Filiale dann kriegt. Da sind wir ausgezogen aus Haidhausen und in die Lindwurmstraße, die Mutter und ich.

Da sind dann so viele Bettler gekommen, weil doch gleich in der Näh das Arbeitsamt war, da sind oft gleich zehn am Tag gekommen und mehr. Und die Firma hat mir doch nichts gegeben für die Bettler, das hab ich doch aus eigener Tasche zahlen müssen. Da hab ich ihnen dann halt einen Pfennig gegeben oder zwei, mehr nicht. Dann hab ich auch einmal einem einen Zweiring* gegeben. Das war ein Preuß, der Red nach. Dann hat er gesagt: „Schämen Sie sich nicht? Ich geb Ihnen noch einen dazu!“ Dann hab ich gesagt „dankschön“ und hab den zweiten auch kassiert. Na ja, die haben wohl alle gemeint, daß mir der Laden gehört.

Damals wennst Arbeitslosenunterstützung gehabt hast, da warst denen völlig ausgeliefert, weil: da hat's noch keinen Arbeitslosenbeitrag gegeben, da war das sozusagen eine Wohltat, die Unterstützung. Und wenn du da nicht jede Arbeit, auch die gemeinste, die sie dir angeboten haben, angenommen hast, dann hast du nichts mehr gekriegt, das war denen wurscht, ob du verhungert bist oder nicht.

Am Sendlingertorplatz haben die Arbeitslosen Karten gespielt. Mei, ist's da zugangen! Das war furchtbar. Da sind viele zum Betteln gegangen. Das war ja auch zum Leben zu wenig und zum Sterben zuviel, was die gekriegt haben.

* Zweipfennigstück

Darum sind dann nachher so viele auch zum Hitler gegangen. Der hat dann mit der Autobahn angefangen. Sie haben zwar sehr billig arbeiten müssen, aber es hat schon was geholfen. Die waren auch nicht unglücklich, die Arbeiter. Sie haben bei Bauern übernachtet und da oft auch was zum Essen gekriegt. Dann hat es geheißen: „Ja, der Hitler, der bringt Arbeit."

Wir waren damals in einer so verzweifelten Situation, daß man froh war um die Arbeit, die er hergebracht hat. Dadurch hat er die Leut in die Hand gekriegt. Das kann die heutige Jugend gar nicht verstehen, die hat so eine Not nie erlebt, wie wir sie damals gehabt haben. Und was dahinter steckt, und wie das später weitergeht, das hat man damals noch nicht gesehen.

Aber prügelt, prügelt haben die Nazi und die SA allweil schon! Saalschlachten hat's geben. Die Leut haben gesagt: „Ach die Nazi haben wieder eine Versammlung, da gehn wir lieber nicht hin, da wird bloß wieder zugehaut."

Aber auch wenn andere Parteien einen Parteitag gehabt haben, sind sie hin und haben gestört und schon ist das Prügeln losgegangen. „Die Hitlerbuben prügeln andauernd", hat es geheißen. Und das war auch wahr.

Auf der Straß, da ist oft so ein Lastwagen voller Hitler ankommen in der braunen Uniform, in den zwanziger Jahren war das. Da sinds droben gestanden auf dem Karren, dann sinds runtergesprungen und schon ist die Straßenschlacht angangen. Irgendwer wird halt was gesagt haben, und schon ist die Rauferei losgangen. Die haben wahllos zugedroschen auf alles, was ihnen unter die Finger kommen ist.

VII. ALTE LEUTE WERDEN MAGER – EINER WILL WISSEN, WIE'S MIT EINER JUNGFRAU IST

Zu meinem Laden hat eine kleine Wohnung gehört: ein Zimmer und eine Dunkelküch, wo das Fenster ins Stiegenhaus naus gangen ist. Da hab ich mit meiner Mutter zusammen gewohnt.

Wie sie einundsechzig war, hat sie so arg Bronchitis kriegt. Wir waren beim Armenarzt, der hat sich aber nicht viel kümmert drum. Ich bin dann einmal naufgangen zu ihm und hab gesagt: „Hörens einmal, Herr Doktor, da muß doch irgendetwas geschehen, so kann das doch nicht weitergehen mit meiner Mutter, die wird alle Tag magerer und magerer." Da hat er gesagt: „Alte Leute werden überhaupt mager." „Nein", hab ich gesagt, das glaub ich nicht. Meine Mutter stammt aus einer Familie, die alle dick sind", hab ich gesagt, „und so wie die jetzt mager geworden ist, das ist nicht normal, die ist sehr krank." „Ach wo", hat er gesagt, „die ist bloß empfindlich." Dann hab ich gesagt: „Jetzt hörens aber auf! Meine Mutter, die ihr ganzes Leben lang sich hat abrackern müssen und abschinden, die ist nicht empfindlich, im Gegenteil, die sagt eher zu wenig." „Ja, ich kann auch nicht helfen."

Und dann ist sie auf einmal so schwer krank geworden, daß sie schon zu röcheln angefangen hat. Dann hab ich ihm gesagt, er muß unbedingt sofort kommen. Ja, gekommen ist er dann schon. Was er gesagt hat, weiß ich nicht mehr. Getan hat er weiter nichts.

Dann ist zufällig die Resl, die Schwester von meiner Freundin Bettl dazukommen. Die hat meine Mutter gesehen und hat gesagt: „Ja um Gottes Willen, die gehört ja ins Krankenhaus! Du kannst doch nicht im Laden die Kundschaft bedienen und nebenbei die schwerkranke Frau pflegen, das geht doch nicht!" Ich hab von in der Früh um sieben Uhr bis sieben Uhr auf d'Nacht den Laden aufgehabt, ohne Mittagspause.

Die Resl war eine Resolute. Die hat es gleich fertig gebracht, daß meine Mutter ohne ärztliche Bescheinigung, ohne alles ins Krankenhaus gekommen ist.

Ich bin dann gleich hinein und hab mit dem Arzt geredet, und dann hat der gesagt: „Die ist viel zu spät eingeliefert worden. Die Frau hat eine schwere Lungenentzündung. Die ist auch derart abgemagert, daß wir keine Hoffnung mehr haben."

Sie ist dann auch wirklich nach zwei Tagen gestorben.

Der Armenarzt hat sich überhaupt nicht drum gekümmert gehabt. Ein anderer Arzt wär nicht in Frage gekommen, weil halt die Mutter von der Armenpflege die Rente gehabt hat. Da war sie an einen bestimmten Arzt gebunden.

Wie sie schon gestorben war, bin ich einmal rauskommen nach Haidhausen. Und da bin ich dem Dr. Peterwein begegnet. Dann hab ich's dem erzählt. Dann hat der gesagt: „Mei, Fräulein Halbinger, wärens doch kommen! Ich wär nausgefahren zu Ihrer Mutter." Hab ich gesagt: „Mei, das hab ich nicht gewußt, daß Sie das täten." „Ja freilich", hat er gesagt, „da wär ich hinausgefahren zu Ihrer Mutter, ich hab sie ja doch gut gekannt."

Der Peterwein war ein guter Arzt. Den haben die Hebammen so gern mögen, aber nur, wenn er besoffen war. Weil, wenn er besoffen war, war er am allerbesten. Der war ein großartiger Geburtshelfer, wenn er besoffen war. Das war er die meiste Zeit.

Dem seine erste Frau war eine Kellnerin und seine zweite Frau war eine Kellnerin. Im Hofbräukeller war er immer so gern. Ich mein, ich seh ihn heut noch: da ist er mit der Kutschen auf Krankenbesuch gefahren, und sein Schnauzl ist immer drin gesessen, ein grauer, mittelgroßer Schnauzl, den hat er immer dabei gehabt. Also den Peterwein hast nie ohne Hund gesehen. So ist er immer mit dem Fiaker auf Krankenbesuch gefahren.

Meine Mutter ist dann im Ostfriedhof beerdigt worden, im Grab von der Julie. Ich hab meine Mutter drei Monate vorher in den Begräbnisverein aufnehmen lassen. Und dann haben die die ganze Summe, die ausgemacht war, zahlen müssen. Da hab ich ein Glück gehabt, das ist zahlt worden, das war ein Mordsglück.

Und dann war ich ganz allein. Das war furchtbar. Das war schon furchtbar, ganz allein. Siebenundzwanzig war ich.

Ich hab zwei Fisch gehabt, so Weißfisch aus der Isar. Da wenn ich gesagt hab: „Fischi, Fischi!", dann habens den Kopf rausgestreckt. Und eine Katz hab ich gehabt, den Muggi, einen Kater. Den haben wir uns zugelegt, da hat die Julie noch gelebt.

Den Gottschalk hab ich kennen gelernt, da hat die Mutter noch gelebt.

Aber – wir waren halt in der Mandolinenstunde beisammen. Erst wie die Mutter gestorben ist, ist er ein paarmal kommen und hat mich auch ein paarmal eingeladen. Der war Landschaftsgärtner. Der hat Tennisplätze angelegt, auch so schöne Terassen mit Blumen bei Villen. Also nicht Gemüsegärtner! Da hat er mir wunderbare Fotografien gezeigt, von Sachen, die er da angelegt hat.

Sein Vater war Kapellmeister. Den hab ich auch gekannt, seine Mutter auch. Ich bin ja öfter droben gewesen in der Familie.

Mit dem bin ich dann gegangen. Der hat es dann geschafft. Da war ich achtundzwanzig. Bis dahin war ich noch Jungfrau, aus lauter katholischer Erziehung. Und der, der war so hartnäckig! Ich war natürlich verliebt in ihn.

Wir waren nicht lange zusammen, ein paar Monate. Dann hat er nach Bayrischzell müssen, irgendwas anlegen. Und von da ab hat er sich nicht mehr sehen lassen. Das war furchtbar.

Aber das Komische war: er ist kommen zu mir, hat sich bei mir verabschiedet und hat gesagt: „Ich muß da hin." Dann hab ich gesagt: „Um Gottes Willen, jetzt ist alles aus." Dann hat er gesagt: „Wie kommst denn auf das?" Sag ich: „Ja, das weiß ich." Und es war wirklich so.

Er hat mir natürlich das Heiraten versprochen gehabt und ich hab auch damit gerechnet gehabt. Seine Adresse dort hab ich nicht gewußt. Ich hätt halt seine Eltern fragen müssen, aber das hab ich nicht übers Herz gebracht, daß ich da naufgangen wär und hätt gesagt: „Er hat mir versprochen, er schreibt und kommt wieder." Das hab ich nicht zusammengebracht, da war ich zu stolz. Ich hab mir denkt: „Wenn er mich schon auf die Seite schiebt, nachlaufen tu ich ihm nicht."

Und dann, das war schon mehrere Monate später, da ist er einmal wieder kommen und hat gesagt, ich soll an dem Abend in die Mandolinenstunde kommen, und dann könnten wir uns hernach aussprechen. Und dann bin ich in die Mandolinenstunde gegangen, und er war nicht dort. Und das war dann zuviel.

An dem Abend hab ich mir dann die Pulsader aufgeschnitten. Weil er erst gesagt hat er kommt, und dann ist er wieder nicht kommen. Ich bin mir vorgekommen: so – so besudelt! Ich hab mir denkt: „Nein, um Gottes Willen, einen anderen Mann mag ich jetzt auch nicht mehr! Es hat jetzt alles keinen Sinn mehr, jetzt ist es aus." Dann hab ich mir die Pulsader aufgeschnitten. Ich hab die Hand so hergehalten, das Blut ist in einem hohen Bogen raus. Dann hab ich mir denkt: „Wenn der letzte Tropfen raus ist, dann bist erlöst."

Und in dem Moment springt mir die Katz da rauf an die Brust. Wie eine Furie ist mir die da hergesprungen. Da bin ich so erschrocken. Dann ist die Katz gleich wieder weg, und dann hab ich gedacht: „Um Gottes Willen! Was hast jetzt gemacht?" Und dann hab ich ein Taschentüchl gepackt und hab's mit der Hand und mit den Zähnen – ich wollt abbinden und zum Doktor gehen und bin naus und bin draußen im Hausgang zusammengebrochen.

Und zufällig kommt von oben eine runter, eine, die ihren Geliebten droben gehabt hat. Das war schon zehn Uhr abends und da hat sie ihn nauslassen, weil's zehn Uhr war, und sie war auch in Untermiete. Und die hat mich im Hausgang gefunden. Die haben gleich den nächsten Arzt geholt und dann bin ich in die Klinik gekommen, in die Chirurgische.

Da bin ich dann aber gleich, nachdem sie mich vernäht haben, nüberkommen in die Psychiatrische, in derselben Nacht noch. Da war ich dann in einem Saal mit mehreren Leuten, ich weiß nicht mehr wie viele, aber viel waren's schon. Das war wirklich eine Schlangengrube. Da waren echt Verrückte, nicht bloß Nervenzusammenbrüche, echt Verrückte. Da ist vis-a-vis eine gewesen, die hat immer gejammert: „Mein Gott, ich komm in die Höll, weil ich einen Käs in den Abort nuntergeschmissen hab! Ich komm in die Höll, ich komm in die Höll!" Lauter solche waren da beieinander.

An Behandlung ist gar nichts mit mir gemacht worden. Liegen lassen haben sie mich. Untersucht haben sie einen immer wieder, so die Augen und so. Sonst nichts.

Die haben mir nicht einmal den Arm behandelt. In der Chirurgischen hat der Arzt gesagt gehabt, ich muß nach ein paar Tagen kommen, daß ich frisch verbunden werde. Und sie haben mich nicht einmal da hingelassen. Dann hab ich zu der Ärztin gesagt: „Ich hab wahnsinnige Schmerzen am Arm, und ich muß nüber in die Chirurgische, die haben ausdrücklich gesagt, ich muß nach zwei Tagen kommen, daß sie nachschauen können." „Das braucht's nicht."

Da am Puls ist der eine Arm ja heut noch viel dicker als der andere, das ist nie mehr ganz geworden. Ich hab dann damals nicht nachgegeben, hab immer wieder gejammert und immer wieder gesagt: „Ich halt die Schmer-

Hochzeitsfoto

Im 60er Stadion

Familie in den Isarauen

Josefa mit Tochter in den Gasteiganlagen

Josefa (Mitte) nach ihrem Unfall im Krankenhaus

Josefas Schwiegermutter

Das letzte Foto von Josefa Halbinger, aufgenommen während eines Interviews für dieses Buch

zen nicht mehr aus, ich halt die Schmerzen nicht mehr aus!" Dann habens mich doch einmal nübergefahren, aber erst später.

Und eine war drin in der Psychiatrischen, die war so krank, die muß Lungenentzündung gehabt haben. Der haben sie auch keinen Arzt geholt, die ist auch nicht behandelt worden, die ist gestorben.

Und ausgefragt habens einen. Die haben sich ans Bett gesetzt und haben dich ausgefragt und haben alles mitgeschrieben. Und manchmal sagst halt was, das scheinbar zu dem anderen in Widerspruch steht, und dann bist sofort als narrisch erklärt. Du bist von vornherein als narrisch erklärt.

Dann ist meine Tante Marie einmal gekommen, und zu der hat eine Schwester dann gesagt: „Um Gottes Willen, nehmens das Mädel mit heim. Die gehört nicht da rein. Die spinnt nicht", hat sie gesagt, „die hat sich das bloß so zu Herzen genommen. Aber die muß raus, die wird da herin nicht!" Dann hats gesagt: „Verratens micht nicht, aber bittschön redens mit den Ärzten, daß sie rauskommt." Dann hat meine Tante gesagt: „Ist schon recht."

Und die hat dann mit der Ärztin geredet. Die war recht patzig und hat gesagt: „Ja, wenn Sie sie unbedingt mitnehmen wollen, aber ich kann Ihnen sagen: nach acht Tagen bringen Sie sie wieder rein!"

Auf eigene Verantwortung hat sie mich dann rausnehmen können. Sie hat mich zu sich mitgenommen. Eine Weile hab ich bei ihr gewohnt. Das ist gut gangen, bei ihr daheim.

Aber bis ich in die Wäscherei zurück können hab, das hat noch lang gedauert, weil doch das Handgelenk steif war, weil da waren doch die Sehnen durchgeschnitten. Da hab ich lange zum Massieren gehen müssen. Das waren wahnsinnige Schmerzen. Aber es ist dann doch wieder geworden. Und so lang hab ich bei der Tante gewohnt.

Dann, wie ich wieder können hab, hab ich die Filiale wieder übernommen. Da war inzwischen eine Aushilfe.

Die Frau Hieber, meine Chefin, war außerordentlich nett. Sie ist zu mir in die Klinik, hat mich umarmt und getröstet, und dann hats mir halt auch erzählt, daß sie so viel auszustehen hat bei ihrem Mann, und daß sie einen anderen hat jetzt, und daß der sie so in Liebe hüllt. Das hat sie mir da erzählt. Das war dann ihr zweiter Ehemann, später.

Da in der Psychiatrischen hat mich auch mein späterer Mann besucht. Er hat mir einen ganzen Strauß roter Rosen gebracht. Und meine Tante, die doch überhaupt immer gern prophezeit hat, hat dann gesagt: „Der heirat dich, der hat dir rote Rosen bracht." Ich hab gesagt: „So ein Schmarren, der ist doch viel jünger als ich." Es ist aber wirklich eingetroffen.

Die beiden haben sich einmal in meiner Wohnung gesehen gehabt, der Franz und der Gottschalk. Und dann ist der Gottschalk gegangen und der Franz ist dageblieben. Dann hat der Franz gesagt: „Wer ist denn das?" „Das ist mein Freund." Dann hat er gesagt: „Sefa, der heirat dich nie." Dann hab ich gesagt: „Das wirst du grad wissen." Mir hat es gestunken, gell.

Und dann am anderen Tag ist der Gottschalk wiedergekommen. Dann sagt er: „Wer war denn das, der gestern bei dir da war?" „Mei", sag ich, „das ist ein Bekannter, den kenn ich schon weiß Gott wie lang." „Heirat dich der?" Dann hab ich gesagt: „Ja, du bist schon gut!" Ich war ganz platt. Und wahr ist's gewesen, alle zwei haben recht gehabt.

Wie ich wieder in der Filiale war, hab ich mich noch lang nicht gefangen gehabt. Ich hab ihm immer noch nachgetrauert. Aber dann bin ich einmal einer Bekannten von ihm begegnet, die hat mich angeredet und gesagt, daß der Gottschalk ihr erzählt hat, ich sei ihm andauernd nachgelaufen. Da hat's gekocht in mir. Ich hab gesagt: „Da hört sich doch alles auf! Ein ganzes Jahr, buchstäblich ein ganzes Jahr ist mir der Kerl nachgerannt, bis er sein Ziel erreicht hat." Gell, und ich hab ihn damals immer ausgelacht, und er hat gesagt: „Fräulein Halbinger, wer zuletzt lacht, lacht am besten, und ich bin derjenige, der zuletzt lacht."

Na ja, er hat später gesagt, er hat noch nie eine Jungfrau gehabt, das hat er wissen wollen. Ich war dann kuriert. Von dem Moment an wars aus. Ein Jahr war dann gar nichts.

VIII. EIN FADER SONNTAG – EINE GUTE PARTIE UND EIN GRÄUSLICHES KIND

1928 bin ich einmal an einem Sonntag zu Prauns und wollt die Marie besuchen. Dann war aber der Franz allein daheim. Dann wollt ich schon wieder geh'n, dann ist ein Gewitter gekommen. Dann hat er gefragt: „Magst einen Tee?“ „Ja, schon.“ Dann koch ich dir einen Tee.“ Dann hat er mir einen Tee gekocht. Dann sind wir so gesessen und haben uns unterhalten. Dann war's Gewitter vorbei. Dann hab ich gesagt: „Jetzt fahr ich heim“, hab ich gesagt, „Herrgott ist das ein fader Sonntag. Die ganze Woch ist nix los, und am Sonntag weißt net, was d' anfangen sollst.“ Da hat er gesagt: „Ich begleit dich heim.“

Dann hat er mich heimbegleitet. Sonst war nichts weiter. Aber er hat mich dann öfter besucht und ist auch mit mir ins Café gegangen. Wann richtige Liebe draus geworden ist, weiß ich nimmer. Auf einmal war's halt soweit.

Der Franz hat mich auch zum ersten Mal in ein Weinhaus geführt. Da hab ich den ersten Wein meines Lebens getrunken. Ich hab gesagt: „Ich mag keinen Wein“. Er hat gesagt: „Ich lern dir 's Weintrinken schon. Jetzt bestellen wir erst einmal einen bißl einen süßen, daß d' dich dran gewöhnst. Dann hat er mir einen Haute Sauterne bestellt. Und dann allmählich immer ein bißl herber. Und dann bin ich selber auf den Geschmack gekommen. Nachher haben wir nur noch herbe gekauft.

Er ist auch mit mir ins Cabaret gangen, ins Annast und in den Simpl, er hat sich für sowas interessiert. Der Gondrell, der war da noch Anfänger, aber er war da schon so gut. Und im Simpl, die Lale Andersen, die war noch ein blutjunges Ding damals.

Wie ich 's erste Mal neikommen bin in Simpl, war ich enttäuscht, das war so ein langer, schmaler Darm, eigentlich gar nicht schön, und nachher war ich so begeistert.

Wie's der Franz seiner Mutter beigebracht hat, daß wir heiraten wollen, da hat er was mitgemacht. Sie hat gesagt: „Was willst denn mit der? Die hat nix und ist nix. Mit der kommst von den Federn aufs Stroh."

Und zu mir hat sie gesagt: „Was sind Sie denn schon, eine Maurerstochter, da weiß man schon Bescheid." Hab ich gesagt: „Na und? Mein Vater war Maurer, der hat im Sommer gearbeitet und im Winter nix gehabt. Ihr Mann ist Kürschner, der arbeitet im Winter und hat im Sommer nix."

Und dann haben wir geheiratet, ohne elterlichen Segen. Am Hochzeitstag hat sie zu uns gesagt: „Verflucht sollt ihr sein, euer Lebtag sollt ihr kein Glück mehr haben".

Der Vater von meinem Mann hat damals auch noch gelebt. Aber der war über siebzig und total zusammengerackert. Der hat im Winter in der Kürschnerei gearbeitet, wenn Fasching war, hat er den Billeteur gemacht bei den Bällen. Der hat seiner Frau nicht genug Geld herbringen können. Und einen Haufen Ehrenämter hat er gehabt, Schöffe und Vormund und alles mögliche. Der war kaputt.

Zwei Schwestern von meinem Mann haben auch noch gelebt, die Marie und die Anna. Aber am Hochzeitstag hat sich keiner von der Familie blicken lassen. Die haben sich nicht getraut.

Ich hab weiter keine Angehörigen gehabt als meine Tante und eine Cousine. Der Mann von meiner Tante und der Mann von meiner Freundin Bettl waren Trauzeugen. Wir haben im Café Neptun Mittag gegessen und dann sind wir mit der Trambahn heimgefahren zu mir in die Lindwurmstraße. Dann hat mir mein Mann eröffnet, daß er heim muß zum Arbeiten. Dabei war das doch gar nicht Saison für Kürschner, das war ja August. Aber seine Mutter hat darauf gedrungen, daß er arbeitet, und damals war er noch nicht so weit, daß er sich gegen sie durchgesetzt hätte. Er war noch nicht ganz fünfundzwanzig damals. Später hat er gesagt: „Mei, wenn ich damals schon so weit gewesen wär wie heut, ich hätt nein gesagt."

Dann bin ich allein daheim gehockt und hab geheult wie ein Schloßhund. Am späteren Abend ist er dann kommen. Wir haben dann noch einen Wein getrunken und dann – das ist mir seitdem nie wieder passiert – ist mir so schlecht geworden. Ich bin ins Bett und hab gesagt: „Um Gottes Willen, das Bett!" Das war, als wenn's durch die Wand durchgetanzt hätt, ich bin mit dem Bett in die Höh und durch die Wand durch. Er hat gleich einen Eimer gebracht. Ich hab gesagt: „Ich brauch doch keinen Eimer!" Hat er gesagt: „Den brauchst schon noch!" Und tatsächlich hab ich ihn gebraucht.

Also in der Nacht waren wir sehr solide. Die Hochzeitsnacht hat nicht stattgefunden.

Wie ich geheiratet hab, war ich schon schwanger. Wir hätten aber so auch geheiratet.

Meine Schwangerschaft war an sich gut. Bis auf das, daß ich mit dem Radl gestürzt bin. Mein Mann hat doch immer links und rechts verwechselt. Und wir sind mit dem Radl gefahren, dann hat sich der Weg gegabelt. Ich hab gefragt: „Wo müssen wir jetzt hinfahren?" Hat er gesagt: „Links". Ich bin links abgebogen und er ist rechts weitergefahren. Dann bin ich mit ihm zusammengestoßen und gefallen und zwar so, daß ich unten gelegen bin und die zwei Fahrradl und das Mannsbild auf mir drauf.

Vierzehn Tag darauf bin ich zum Arzt und da hat der festgestellt, daß das Kind nicht richtig liegt. Ich weiß nicht, ob es deswegen war. Das war im dritten Monat. Ich bin dann aber nicht mehr untersucht worden. Der Arzt hat gesagt, ich brauch nicht mehr kommen bis acht Tag vor der Entbindung.

Wir haben die erste Zeit unserer Ehe in der Lindwurmstraße gewohnt, auch noch wie das Kind auf die Welt kommen ist. Da haben wir oft den Kinderwagen in den Laden nausgestellt und die Tür aufgelassen, damit wir das Kind gleich gehört haben. Das war bis 1933. Dann haben wir rausmüssen, weil die Filiale aufgelöst worden ist. Da sind Hiebers am Absaufen gewesen mit dem Geschäft.

Dann hat mein Mann erfahren, daß am Johannisplatz, im Haus nebenan, wo seine Eltern gewohnt haben, was frei wird. Da sind wir dann hingezogen, weil er dann auch gleich daheim ist beim Arbeiten.

In meiner Schwangerschaft hab ich bis zur letzten Stunde gearbeitet. Ich hab auf d'Nacht noch den Laden zugemacht, und in der Früh hab ich nimmer aufstehn können. Es waren auch Flecken im Bett. Ich bin so erschrocken, und wir haben nicht gewußt, was wir tun sollen. Dann hat mein Mann die Frau Hieber angerufen, die hat gesagt, sie ruft gleich den Dr. Brakemann an, mit dem war sie befreundet, und der hat dann gesagt: „Sofort in die Klinik!"

Die Rosl hat dann den Laden übernommen. Aber bis zum Abend vor der Geburt war ich da. Geputzt hat die letzte Zeit mein Mann den Laden, weil ich mich nicht mehr hab bücken können. Ich hab mir nicht einmal mehr die Schuh ausziehen können, ich hab warten müssen, bis er abends kommt und sie mir auszieht. Aber ich hab im Laden gearbeitet.

In der Klinik hat die Schwester gesagt, wie sie mich in den Saal geführt hat: „Da ist der Kaiserschnitt!“ „Nein“, hab ich gesagt, „davon weiß ich nichts, nur von einer Steißlage.“ „Ach so“, hat sie gesagt, „dann hab ich mich wohl geirrt.“

Der Arzt hat gesagt: „Wir müssen abwarten, bis die Wehen einen Moment aussetzen und dann eine Röntgenaufnahme machen.“ Die Schwester hat ihn geschimpft und hat gesagt: „Man macht doch keine Aufnahme, wenn eine Frau die Wehen hat.“ Er hat's aber trotzdem gemacht. Dann hat er gesagt: „Frau Praun, legen Sie Wert darauf, daß Ihr Kind am Leben bleibt?“ Hab ich gesagt: „Ja freilich, jetzt lauf ich schon neun Monat so, jetzt möcht ich auch mein Kind haben.“ „Ja, dann müssen wir schneiden.“

Ich hab mir gedacht: „Mir ist jetzt alles gleich, wenn ich nur nichts mehr spüre!“ Sie haben mir dann gleich eine Narkose gegeben. Dann weiß ich nichts mehr. Den Operationssaal hab ich gar nicht gesehen.

Wie ich wieder zu mir gekommen bin, hab ich gefragt, was ich hab. Dann haben sie gesagt: „Ein Mäderl.“ Ich hab dann nicht mehr weiter gefragt, ich war gleich wieder weg. Gezeigt haben sie mir das Kind nicht.

Am andern Tag hab ich dann gesagt: „Ich möcht mein Kind sehen.“ Dann haben sie mir meine Tochter gebracht. Ich hab gesagt: „Um Gottes Willen, ist das Kind gräuslich!“ Dann hat die Schwester gesagt: „Das dürfen Sie als Mutter doch nicht sagen!“ Dann hab ich gesagt: „Ja, wenn ich auch die Mutter bin, seh ich ja doch, daß es gräuslich ist.“

Die Stirn ist nach hinten geflohen, die Augen waren schräg, Nase und Mund waren verschoben und der ganze Kopf ist nach hinten gehängt, der Hinterkopf ist zwischen den Schulterblättern aufgelegen.

Nach einiger Zeit hat der Dr. Brakemann den Dr. Issigkeit kommen lassen. Der hat von ihr eine Röntgenaufnahme gemacht und dann hat er gesagt: „Ja, ich kann ihr helfen. Es sind nur die Sehnen infolge der falschen Lage verkürzt, die müssen gestreckt werden.“

Der Dr. Issigkeit war Jude. Der hat sich spezialisiert gehabt auf Schiefhälse. Der ist dann noch im selben Jahr, 1932 ins Sächsische und hat da eine Privatklinik aufgemacht. Was aus ihm dann geworden ist – ich hab nie wieder was gehört. Hoffentlich ist er durchgekommen. Der tät mit leid.

Die Hebamm hat drei Tag nach der Entbindung zu mir gesagt: „Mei das arme Kind, keine Knie hat 's auch nicht!“ Ich hab mich so aufgeregt, daß ich gleich Kindsbettfieber gekriegt hab. Dabei hat das Kind doch Knie gehabt, die waren bloß so durchgedrückt, weil: die war im Mutterleib gesessen und hat die gestreckten Beinchen an der Schulter herobengehabt und den Kopf nach hinten gebeugt. Das mit den Knien hat sich von selber gegeben.

Aber wenn ich später mit dem Kinderwagerl mit ihr spazieren gefahren bin, und sie ist müd geworden, dann hat sie sich vornüber fallen lassen und hat so zusammengeklappt geschlafen. Dann haben mich die Leut geschimpft: „Sehen Sie denn nicht, daß das Kind schlafen will? Legen Sie's doch ordentlich ins Bett! Was sind Sie denn für eine Mutter?" Dann hab ich's anders neigelegt, dann hat sie Zeter und Mordio geschrien und hat sich wieder vornüber fallen lassen. Ich hab Angst gehabt, wenn ich mit ihr naus bin. Ich hab doch nicht jedem die ganze Geschichte erzählen können.

Beim Wickeln hat mir mein Mann helfen müssen, weil wenn man sie raus hat aus den Windeln, wupsdich waren die Beinchen heroben. Jetzt hat eines die Füß halten müssen, und das andere hat dann gewickelt. Die Beinchen sind direkt raufgeschnellt an die Schulter. So hab halt ich immer die Füß gehalten und mein Mann hat sie gewickelt. Der hat das besser können als ich.

Ich war zehn Wochen in der Klinik. Einmal hab ich gehört, wie die Schwester zu meinem Kind gesagt hat: „Mei du armes Kind, wenn du nur sterben könntest!"

Das Gipsbett fürs Kind hat nicht gleich gemacht werden können, weil sie den ganzen Körper voll Abszesse gehabt hat, die haben erst abgeheilt werden müssen. Die sind mit einem elektrischen Stäbchen aufgemacht worden. Die war aber noch lang nachher so, daß sie geschrien hat, was nur grad gangen ist, wenn sie einen weißen Kittel gesehen hat.

Wie ich mit meinem Kind aus der Klinik gekommen bin, da war ich grad acht Tag daheim, dann hat mein Mann die Lungenentzündung gekriegt. Dabei hätt ich ja in Erholung fort sollen. Ich hab deswegen dann nicht können. Er hat 41 Fieber gehabt. Da haben wir ihm Topfenwickel* gemacht. Meine Tante hat das Rezept gewußt, und das hat ihm geholfen. Sieben Pfund Topfen haben wir da jedesmal rumgewickelt, um die ganze Brust und den Rücken, zweimal am Tag. Der Topfen ist direkt hart geworden, wie gebacken. Wir haben es aber dem Doktor nicht gesagt. Und einmal ist der Doktor gekommen und hat gesagt: „Ja, wie ist denn das möglich? Der hat ja die Krisis schon überstanden, die hab ich erst in einigen Tagen erwartet!" Dann hat er gesagt: „Aber sind Sie vorsichtig, Frau

* Quarkumschläge

Praun, auch wenn man den Berg abwärts geht, kann man noch stürzen." Das weiß ich noch so gut, wie er das gesagt hat.

Wie er die Lungenentzündung überstanden gehabt hat, bin ich ins Genesungsheim gekommen. Das Kind war inzwischen dreieinhalb Monat. Sie ist nochmal in die Klinik gekommen, weil sie doch das Gipsbettchen bekommen hat. Sechs Wochen war ich dann im Genesungsheim. Wie ich heimkommen bin, war sie immer noch im Gipsbetterl. Das war eine Schale aus Gips, da sind zwei Schienen raufgegangen, die haben eiserne Knöpfe gehabt. Das Kind hat den Kopf in einem Lederhäubchen gehabt mit Riemen und Löchern. Das Häubchen ist dann immer weiter vorgezogen worden, daß die Sehnen gestreckt werden, und der Kopf allmählich nach vorne kommt. Da war sie Tag und Nacht festgeschnallt und hat sich gar nicht bewegen können. Mit zwei Monat hat sie das gekriegt, und wie sie sechs Monat geworden ist, hat man's ihr wieder weggetan. Sie hat gleich den Kopf richtig getragen. Vierzehn Tag nachdem das Gipsbett weg war, sie war genau sechs Monate alt, hat sie sich allein aufgesetzt. Das mit dem Gesicht ist ganz von selber geworden.

IX. DIE MACHTERGREIFUNG ADOLF HITLERS – DIE WECHSELJAHRE DER PRAUNS – VOM STERBEN UND VOM BEICHTEN

1933 war die Machtergreifung vom Hitler. Ich wollt damals grad mit dem Kind von der Lindwurmstraß nach Haidhausen und meinen Mann abholen. Da haben die Leut zu mir gesagt: „Um Gottes Willen, gehns heim mit dem Kinderwagerl, es geht so zu, es gibt a Schießerei!" Nachher ist gesagt worden, ohne einen einzigen Schuß ist der Hitler an die Macht gekommen. Aber ich hab's selber schießen hören in der Thalkirchnerstraß.

Mein Mann war furchtbar entsetzt über die Machtergreifung.

Den Hindenburg, den hat man damals wirklich nicht begriffen, weil kurz zuvor Hitler den Hindenburg in aller Öffentlichkeit einen alten Trottel oder sowas ähnliches genannt hat. Er hat ihm sein Alter vorgeschmissen und als ob er nicht mehr ganz da sei, gell. Und kurze Zeit später übergibt der Hindenburg dem Hitler das Kanzleramt! Da waren sie abgebildet, wie sie einander die Hände reichen, und da hat mein Mann gesagt: „Da hört sich doch alles auf! Erst heißt ihn der einen alten Deppen und nachher übergibt er ihm das Kanzleramt." Na ja, ein Jahr drauf ist ja dann der Hindenburg schon gestorben, das Schlimmste hat er nicht mehr erlebt.

Es war dann bald drauf eine Reichstagswahl. Da hat der Hitler sehr viel Stimmen gekriegt, aber es waren auch noch andere Parteien im Reichstag. Aber ich kann mich erinnern, da war doch dann dieses Ermächtigungsgesetz, da haben die anderen Parteien dem Hitler praktisch alle Vollmacht erteilt, der hat ab da tun können, was er wollte. Nur die SPD war dagegen. Meinem Mann war das sehr unheimlich, dieses Ermächtigungsgesetz. „Sowas kann man doch nicht machen!" hat er gesagt. Sonst hat er sich nicht sehr um Politik gekümmert, aber das war ihm irgendwie nicht geheuer.

An die Nürnberger Gesetze kann ich mich noch erinnern. Da haben sie die Juden aus allen wichtigen Ämtern geschmissen, und wer geisteskrank war, ist sterilisiert worden. Die Bettl ist damals auch sterilisiert worden, weil sie doch damals in Haar war, und lungenkrank war sie ja auch.

Die Frau Hieber hat ja mit den Nazis geliebäugelt. Sie hat gemeint, ich soll zur Reichsfrauenschaft gehen. Ja wär mir ja gar nicht eingefallen. Diese Scholz-Klink, so glaube ich hat diese Reichsfrauenführerin geheißen, die hat immer im Radio geredet, Herrgott, hab ich das Weib dick gehabt mit ihrer Gretlfrisur!

Mein Mann hat daheim in der Kürschnerei gearbeitet. Die Leut haben gemeint, ich hätt eine Pfundspartie gemacht. Ich hab auch erst später gemerkt, was los ist, wie wir in den Haushalt meiner Schwiegermutter gezogen sind, weil der Schwiegervater und meinem Mann seine beiden Schwestern kurz hintereinander gestorben sind.

Es ist immer gearbeitet worden, die Kunden haben bezahlt, und doch war nie Geld da. Meine Schwiegermutter ist immer gekommen und hat gerufen: „Franz, komm einmal raus, ich muß dir was sagen!"

Dann bin ich einmal narrisch geworden, und hab gesagt zu ihm: „Du horch einmal: ich muß immer mitarbeiten, aber ich weiß nicht, was gespielt wird. So mach ich nicht mehr mit. Ich will wissen, wo das Geld hinkommt. Und das ‚Franz komm einmal raus, ich muß dir was sagen' will ich nicht mehr hören. Ich bin deine Frau, ich hab ein Recht zu wissen, was los ist."

Dann hab ich erfahren, daß der Schwiegervater Pleite gemacht hat, und mein Mann mit einundzwanzig die Bürgschaft fürs Geschäft übernommen hat.

Mein Mann war das jüngste von acht Kindern. Der war auf dem Gymnasium gewesen und hätt Pfarrer werden sollen, weil meine Schwiegermutter so katholisch war. Er war in so einem Klosterinternat und da ist er mit siebzehn davon, einfach abgehaut, weil er nicht Pfarrer hat werden wollen wegen dem Zölibat. Er hat damals schon gemerkt, daß er das nicht aushält. Er hat dann eine kaufmännische Lehre gemacht, später noch eine als Kürschner, und hat dann daheim mitgearbeitet.

Seine Leute haben aber so saudumm eingekauft, viel zu teuer. Mein Mann hat dann gesagt: „Ich kenn einen Fellhändler, da ist's billiger, kaufen wir doch da!" Das war ein Jud, der Fellhändler. Der hat aber Bescheid gewußt und hat gesagt: „Ich geb Ihnen die Felle nur, wenn der Franz die Bürgschaft übernimmt." Das hat er dann gemacht.

Die ersten Jahre haben wir immer vor den Wechseln gezittert. Ich hab immer schauen dürfen, daß ich 's Geld herkrieg. Manchmal bin ich zu meiner Tante. Aber die hat auch nicht immer eins gehabt. Ihr Mann war

Arbeiter in der Brauerei, und sie haben einen Haufen Kinder gehabt, die waren auch nicht reich. Einmal bin ich zu unserer Kramerin und hab gesagt, sie soll mir schnell zwanzig Mark leihen, sie kriegts am nächsten Tag wieder. Ich hab's auch prompt zurückbezahlt.

Und einmal, da war wieder ein Wechsel fällig, und er hat nicht zahlen können. Es hat sich nur um ganz kurze Zeit gedreht, dann hätt er das Geld gekriegt. Da bin ich dann hinein zu dem Fellhändler, der war in der Sendlingerstraß, und hab gesagt, er soll halt so gut sein und den Wechsel nicht platzen lassen. Dann hat er gesagt: „Und warum kommt Ihr Mann nicht selber?" Hab ich gesagt: „Der traut sich nicht mehr rein." „Ja, ja", hat er gesagt, „so ist es. Ich sag Ihnen ehrlich, ich wollt ihn wirklich platzen lassen, den Wechsel. Aber weil Sie mich so betteln und weil Sie gar so nett sind, na ja, dann behalt ich ihn halt zurück. Wenn Sie mir morgen das Geld bringen – aber es muß wirklich morgen sein!" Dann hab ich gesagt: „Ja, da könnens Ihnen verlassen, Sie kriegen das Geld." Ich hätt ja Himmel und Höll in Bewegung gesetzt, daß ich's herkrieg. Und am nächsten Tag hab ich es ihm auch bezahlt.

Das war ein Jud, der Fellhändler, ein großer blonder, blauäugiger Jud. Das war schon in der Nazizeit. Der ist dann gleich nach der Kristallnacht abgehaut.

Im Winter haben wir immer furchtbar geschuftet. Weihnachten war's ganz schlimm. Da haben wir oft am Heiligen Abend bis Mitternacht gearbeitet. Da ist 's Christkindl immer spät kommen. Oft haben wir bis zum späten Abend gearbeitet, dann haben wir den Baum aufgesteckt wegen dem Kind, haben ein bißl gefeiert, und dann weitergearbeitet.

Wie die Anna noch gelebt hat, da sind wir einmal Weihnachten in die Metten gegangen. Da bin ich zwischen meinem Mann und der Anna gestanden. Weil wir so spät in die Kirche gekommen sind, haben wir natürlich auch keinen Sitzplatz mehr gekriegt, haben wir stehen müssen. Und dann ist einmal er auf mich gefallen und einmal sie, weil sie im Stehen eingeschlafen sind. Dann hab ich sie immer wieder rechts und links gepufft. Dann habens mich angeschaut und sind wieder eingeschlafen. Die haben den ganzen Winter keine Nacht mehr als vier Stunden geschlafen.

Am Samstag sind wir, obwohl er so viel gearbeitet hat, manchmal fortgegangen. Wenn wir dann heimgegangen sind, hat er sich bei mir eingehängt und hat gesagt: „Gell, wenn ein Randstein kommt, dann sagst mir's!" Dann hab ich ihn immer aufmerksam gemacht: „Jetzt geht's den

Randstein runter, jetzt geht's den Randstein nauf." Dann hat er die Füß gehoben. Der hat im Marschieren geschlafen, aber buchstäblich. Ich hätt nie geglaubt, daß es das gibt. Der war total überarbeitet.

Einmal hätten wir dringend einen Auftrag brauchen können. Da sind die Wesels gekommen. Die haben eine Metzgerei und Gastwirtschaft gehabt in Haidhausen. Und ihrer Tochter, dem Hannerl, wolltens einen Pelzmantel machen lassen. Die war damals noch ein ganz junges Dingerl. Dann sind sie also mit ihr gekommen, sie soll sich was aussuchen. Mein Mann hat ihr verschiedene Felle vorgelegt. Dann sagt sie auf einmal: „Ach nein, ich mag keinen Pelzmantel, das liebe Jesulein hat auch gefroren."

Von Stund ab hat er sie nicht mehr leiden können, und vorher hat sie ihm so gefallen. Na ja, sehr christlich warens ja alle, die Wesels. Aber für meinen Mann war das ein verlorenes Geschäft. Weil das liebe Jesulein auch gefroren hat! Das dappige Frauenzimmer, das dappige! Dann sinds wieder abgezogen.

Ich hätt auch immer einen Pelzmantel kriegen sollen, ewig war er mir versprochen. Dann hat mein Mann einmal Fohlenpelze auf Lager gehabt, und die sind dann plötzlich aus der Mode gekommen, hat er sie nicht mehr verkaufen können. Es waren auch nicht viel, für einen größeren Mantel hättens auch nicht gereicht. Dann hat er gesagt: „Da mach ich dir jetzt einen Pelzmantel davon, für Deine Größe reicht's grad. Das war schönes russisches Fohlen.

Dann hat er damit angefangen. Aber weil halt Arbeit, für die Geld hergangen ist, immer wichtiger war, ist er nie fertig geworden. Dann hat er wieder einmal einen Wechsel nicht zahlen können. Dann hat meine Schwiegermutter gesagt: „Mach den Mantel fertig, daß wir ihn ins Leihhaus tragen können!" Dann hat er ihn fertig gemacht und er ist ins Leihhaus kommen. Wir haben ihn aber Gott sei Dank wieder auslösen können. Also, wenn wir den nicht so dringend fürs Leihhaus gebraucht hätten, hätt ich ihn nie gekriegt. Im Leihhaus waren wir öfters.

Wir haben ein Schild am Haus gehabt „Kürschnerei". Die Leut sind gekommen, mein Mann war sehr tüchtig. Aber er hat ständig Furunkel gekriegt. „Das ist eine typische Kürschnerkrankheit", hat der Arzt gesagt. Das kommt von den gefärbten Fellen. Und man schluckt ja auch Haare, das läßt sich gar nicht vermeiden, und da ist dann Farbe und Dreck dran.

Nachdem nichts anderes genützt hat, hat der Arzt gesagt: „Das gescheiteste ist, Sie nehmen Bierhefe, nicht die Hefe vom Bäcker, sondern echte Bierhefe aus der Brauerei!"

Ich hab dann immer im Hofbräukeller drüben eine Bierhefe geholt, um ein Fünferl hat man eine ganze Schüssel voll gekriegt. Und damit hat ers dann losgebracht.

Wir haben dann noch einen Kampf ausfechten müssen, weil: meine Schwiegermutter hat immer kassiert, und er hat schauen können, wie er das Geld für die Wechsel und die Rechnungen herbringt. Was die mit dem Geld gemacht hat, weiß ich nicht, denn sie war an sich sehr geizig. Aber es war nie Geld da. Ich hab dann gesagt: „Franz, deine Mutter darf nicht mehr kassieren. Du hast die Bürgschaft übernommen, du mußt arbeiten, du mußt zahlen, also mußt du auch kassieren. Ich rühr sonst keinen Streich mehr an!" Das hat schweren Verdruß gegeben, aber er hat es gemacht, und binnen vier Jahren haben wir die Schulden abbezahlt gehabt. Wir haben uns ein neues Schlafzimmer gekauft und es wär aufwärts gangen – dabei ist dann der Krieg ausgebrochen.

Ein Jahr nach der Geburt von meinem Kind ist die Marie, die Schwester von meinem Mann gestorben, an Pfingsten dreiunddreißig. Wir haben einen Ausflug gemacht gehabt, sie war so fidel, und am Abend sagt sie, der Rücken tut ihr so weh, und einen Schüttelfrost hat sie gekriegt. Sie haben den Doktor geholt, dem hat sie gesagt, sie hat Rheuma im Rücken. Da hat der sie gar nicht untersucht sondern auf Rheuma behandelt. Wie's mir mein Mann dann erzählt hat, wie's der Marie geht, hab ich gesagt: „Du, das ist ja wie bei Dir bei der Lungenentzündung! Ich glaub die hat gar kein Rheuma, die hat Lungenentzündung!" Wie der Doktor wiedergekommen ist, hat mein Mann gesagt: „Bitte, Herr Doktor, untersuchen Sie doch meine Schwester, ich glaub die hat Lungenentzündung." Der hat gesagt: „Ja, wenn Sie's besser wissen!" Aber er hat sie doch untersucht und dann hat er gesagt: „Sie haben recht, sie hat bereits doppelseitige Lungenentzündung."

Zwei Tag drauf war sie tot. Zweiunddreißig war sie.

Ein Jahr nach der Marie ist der Schwiegervater gestorben. Das war ein gutmütiger Mann aber total verkalkt. Also: dreiunddreißig ist die Marie gestorben, vierunddreißig der Vater und fünfunddreißig bin ich so schwer verunglückt, und in der Zeit, wie ich im Krankenhaus war, ist auch die Anna, die andere Schwester von meinem Mann gestorben.

Sie hat mir kurz vorher schon gesagt, daß sie schwanger ist. Sie war siebenunddreißig und nicht verheiratet. Sie hat furchtbare Angst gehabt vor ihrer Mutter und gesagt, sie tragt das Kind nicht aus. Ich hab ihr zugeredet und hab gesagt: „Nein Anna, das tragst schon aus. Laß doch deine Mutter reden! Das ist doch nicht so schlimm. Wennst einmal alt bist, und vielleicht doch nimmer heiratest, bist froh, wenn du ein Kind hast." Ich hab gesagt: „Ich zieh's dir auf. Das merken die Leut gar nicht, daß es nicht uns gehört, weil es heißt ja auch Praun. Dann hat meines ein Brüderl oder Schwesterl, ich darf ja sowieso keine Kinder mehr kriegen."

Sie hat nicht ja und nicht nein gesagt, aber irgendwie war sie erleichtert. Und dann bin ich verunglückt und sie war allein. Dann ist es passiert. Sie hat sich von einem Pfuscher das Kind wegmachen lassen und ist dann noch mit dem Radl gefahren, daß es bestimmt weggeht. Daheim hat sie dann so furchtbare Blutungen gekriegt und solche Schmerzen, sie haben gesagt, sie ist an der Wand nauf vor Schmerzen. Dann habens den Doktor geholt. Der hat sie gleich ins Krankenhaus und da ist sie gestorben.

Dann hat natürlich jeder erfahren, woran sie gestorben ist. Es hat auch eine Gerichtsverhandlung gegeben. Aber der, der's gemacht hat, hat sich gut rausreden können. Er hat schon eine Strafe gekriegt, aber auf Bewährung.

Bei der Gerichtsverhandlung hat jemand gesagt, wer weiß ich nicht, ich war ja in der Zeit im Krankenhaus, daß die Anna das gemacht hat, weil sie solche Angst vor ihrer Mutter gehabt hat. Da hat die alte Praun auch noch schwere Vorwürfe gekriegt bei Gericht.

Der angebliche Vater vom Kind hat gesagt, er war's nicht allein. Er hat noch einen anderen genannt, und der hat auch gesagt, er war's nicht allein. Da hat es dann geheißen, es sind mehr in Frage gekommen. Ob es wahr ist, das weiß man nicht. Die Anna war ja tot, die hat sich nicht mehr verteidigen können. Der, den sie als Vater angegeben hat, das war ein verheirateter Mann, der hat ein großes Quetschwerk gehabt.

Ich hab meine Schwiegermutter einmal eine Engelmacherin geheißen. Wir haben halt wieder Streit gehabt, und sie hat wieder angefangen: „Ich bin eine Priestermutter!" Das hat man bei jeder Gelegenheit zu hören gekriegt. Weil: ihr einer Sohn war Geistlicher gewesen. Der war damals schon lange tot. Der ist sehr jung an einer Kopfverletzung gestorben, die er im Ersten Weltkrieg als Sanitäter bekommen hat. Da hab ich dann zu ihr gesagt: „So, eine Priestermutter sind Sie? Wissens, was Sie für mich sind? Eine Engelmacherin!" Wir waren ja immer per Sie, bis kurz vor ihrem Tod.

Ich hab gesagt: „Die Anna könnt noch leben, und die Kinder könnten alle noch leben, wenn Sie nicht so scheinheilig und bigott wären!"

Die Anna hat vorher schon zwei uneheliche Kinder gehabt, die sind auch gestorben, genau wie das von der Marie. Die waren alle auswärts auf Kostplätzen, niemand hat etwas wissen dürfen.

So eine Moral war das!

Wie meine Tochter ungefähr drei Jahre alt war, bin ich einmal zum Beichten gegangen und nicht absolviert worden. Die haben einem, wenn man gebeichtet hat, gefragt: „Sind Sie verheiratet?" „Ja." „Haben Sie Kinder?" „Ja, eines." „Und wie alt ist das Kind?" „Drei Jahre." „Und wie lange sind Sie verheiratet." „Vier Jahre". „Was, und da haben Sie erst ein einziges Kind in den vier Jahren?"

Ich hab ihm dann alles erzählt, daß der Arzt gesagt hat, ich darf keine Kinder mehr kriegen, weil ich immer wieder einen Kaiserschnitt kriegen müßt, und mein Herz nicht in Ordnung ist. Aber er hat gesagt: „Ich kann Sie nicht absolvieren."

Ich hab gesagt: „Jetzt hörens einmal: ich find das viel schlimmer, wenn ich nochmal ein Kind in die Welt setz und stirb vielleicht am Kaiserschnitt und laß dann zwei mutterlose Kinder zurück. Sowas kann ich doch nicht verantworten!"

Er hat gesagt: „Jetzt regen Sie sich bloß nicht auf, ich versteh Ihren Standpunkt vollkommen. Aber ich hab diese Auflage, ich darf Sie nicht absolvieren. Vielleicht wenn Sie rübergehen zu den Missionaren", – da war grad in einer anderen Pfarrei so eine Mission – „vielleicht kann Sie da einer absolvieren." Dann hab ich gesagt: „Wenn Sie mich nicht absolvieren können, warum sollens dann die können? Das seh ich nicht ein, entweder ich kann absolviert werden oder nicht."

Ab da bin ich nie mehr zum Beichten gegangen, da wars aus, weil ich das nicht eingesehen hab, weil ich das heut noch nicht einseh: Ich kann es doch nicht verantworten, noch ein Kind in die Welt zu setzen, wenn ich nicht weiß, was dann aus den Kindern wird, ich setz dann eben erst gar keines mehr in die Welt.

Ich hab dem das damals alles gesagt und er hat gemeint, das tät schon stimmen, aber ich müßte dann eben enthaltsam leben. Ich müßt mich von meinem Mann trennen, oder wenigstens getrennte Schlafzimmer haben. Ich hab gesagt: „Jetzt hörens einmal, mein Mann ist noch dazu jünger als ich, das geht doch praktisch gar nicht!" Und dann hab ich noch gesagt: „Ich hab gemeint, die Ehe ist unauflöslich?" „Ja, gelöst wird die Ehe ja auch nicht."

Mein Mann war damals noch keine neunundzwanzig. Da hätte der nie mehr im Leben mit einer Frau schlafen dürfen, weil mit einer andern wär's ja Ehebruch gewesen.

Er ist zur selben Zeit zu den Kapuzinern zum Beichten gegangen und ihm ist das gleiche passiert, ihn haben sie auch nicht absolviert. Er ist dann auch nicht mehr hingegangen.

Ich tät ja noch nichts sagen, aber: Ihre eigenen Geistlichen gehen zu den Huren, und dann vertuschen sie's, wenn was passiert. Ach hörts mir auf! Da müßt ich mich gleich so viel aufregen! Es ist gescheiter, man denkt gar nicht dran. Da gibt's so Sachen, die sich einfach nicht vertragen mit der ganzen Lehre Christi!

X. URLAUB, WENN DIE KUNDSCHAFT ZAHLT – DAS ENDE DER KÜRSCHNEREI – DIE „REICHSKRISTALLNACHT“

Im Juli 1935 wollten wir in Urlaub. Mein Mann hat noch von einer Kundschaft Geld zu kriegen gehabt, da hat er gesagt: „Ich geh jetzt zu der hin zum Kassieren. Wenn die Kundschaft zahlt, dann fahren wir in Urlaub. Sonst können wir nicht.“

Und ich weiß nicht was das war: ich bin doch sonst gern in Urlaub, aber da hab ich so viel Angst gehabt, daß ich immer nur gebetet hab: „Lieber Gott hilf, daß er das Geld nicht kriegt!“ Ich weiß auch nicht warum. Und dann kommt er heim und sagt: „Ich hab 's Geld gekriegt.“

Dann sind wir am andern Tag in Urlaub gefahren mit den Radeln. Das Kind ist bei meiner Schwiegermutter geblieben. Wir wollten nach Reichenhall. Mittags haben wir kochen wollen im Freien mit Spiritus. Zuerst haben wir uns eine Suppe gemacht. Wie wir die gegessen haben, ist der Apparat inzwischen abgekühlt. Dann wollten wir noch Nudeln mit Corned Beef machen. Mein Mann hat Spiritus nachgeschüttet. Er hat mir den Apparat vorher eigens noch in die Hand gegeben und gefragt: „Meinst ich kann nachgießen?“ Ich lang ihn an und sag: „Mei, der ist ja ganz kalt.“ Dann tut er also den Spiritus rein und in dem Moment machts einen Knall und eine Stichflamme schießt direkt auf mich zu. Ich war augenblicklich in Flammen. Er hat den Apparat in der Hand gehabt, ihm ist nichts passiert, und ich, zwei Meter weg, hab gebrannt.

Er hat mich gleich auf den Boden geschmissen, daß ich mich wälz. Das war aber ein Bachbett mit großen Steinen, da hab ich mir nur ein Loch in den Kopf geschlagen, genützt hat es nichts. Dann hat er mir die brennenden Kleider vom Leib gerissen und das Feuer mit den Händen ausgedrückt.

Wir sind dann auf die Straße gerannt, daß wir ein Auto aufhalten. Drei Autos sind durchgefahren. Eines hat gehalten, dann haben sie mich richtig gesehen, dann haben sie gesagt: „Die blutet ja! Nein, da werden unsere Polster schmutzig!“ Sind sie weitergefahren. Der nächste hat dann gehalten und hat mich nach Traunstein ins Krankenhaus gebracht.

Mein Mann hat gleich dableiben müssen, weil sie gesagt haben: „Das kann man abwarten, daß die stirbt. Da ist mehr als ein Drittel des Körpers verbrannt, das überlebt sie nicht." Es waren Verbrennungen zweiten und dritten Grades. Ich war an beiden Armen und Beinen verbrannt, an den Hüften und am Bauch hab ich leichtere Verbrennungen gehabt, am schlimmsten an Armen und Beinen.

Die Polizei ist ins Krankenhaus gekommen und hat mich ausgefragt. Ich hab gesagt: „Mein Mann kann nichts dafür." Der eine wollt noch weiter fragen, dann hat der andere gesagt: „Du hörst doch, die Frau sagt, der Mann ist nicht schuld." Dann habens gleich die Schreibmaschine wieder eingepackt und sind gegangen. Die waren froh, daß sie keine Scherereien gehabt haben.

In Traunstein bin ich ein halbes Jahr gelegen, das Kind war inzwischen bei meiner Schwiegermutter. Ich bin zur alten Marie ins Zimmer gekommen. Das war eine frühere Hausangestellte, die war ein bisserl deppert. Zu der haben sie alle Sterbenden hinein. In Traunstein hat es geheißen: „Wer zur alten Marie kommt, der stirbt, weil die einen jeden in den Himmel nauf betet."

Ich war am ganzen Körper eingebunden und nur mit einen Leintuch zugedeckt, weil ich nichts vertragen hab, weil alles so weh getan hat. Ich hab einundvierzig Fieber gekriegt, sie haben den Pfarrer geholt, und ich hab die letzte Ölung bekommen. Wie der gekommen ist, hab ich gesagt: „Ja um Gottes Willen, ich will doch nicht sterben?" „Nein, nein, das soll Ihnen nur helfen gesund zu werden." Aber das weiß man doch, was das bedeutet. Ich hab mich sehr aufgeregt.

Die Schwester hat mich gefragt, ob ich mir was wünsch. Dann hab ich gesagt: „Ein Bier möcht ich." Dann hat die Schwester gesagt: „Ja um Gottes Willen, Frau Praun, das dürfens nicht trinken!" Dann war Visite, und dann hat sie's dem Oberarzt erzählt: „Stellens Ihnen vor, ich hab die Frau Praun gefragt, was sie sich wünsche, und dann hat sie gesagt: ein Bier!" Dann hat er mich so angeschaut und hat gesagt: „Ach, geben Sie's ihr!" Dann hab ich das Bier getrunken. Das muß gleich am zweiten Tag gewesen sein, denn wie der Franz am dritten Tag wieder kommen ist, hat der Arzt gesagt: „Stellens Ihnen vor, die hat sich ein Bier gewünscht, das haben wir ihr gegeben, und jetzt geht's ihr viel besser. Sie können heimfahren. Im Augenblick besteht keine Gefahr mehr."

Im Krankenhaus waren Barmherzige Schwestern, also Ordensschwestern. Die waren sehr nett und aufmerksam. Bloß wenns einen hohen Feiertag gehabt haben, dann sinds alle in der Kirch gewesen. Da hättest dich deppert läuten können, da ist keine kommen.

Wie ich vier Monate im Krankenhaus war, hab ich eine Hautübertragung bekommen. Da haben sie mir am Bauch die Haut rausgeschnitten und auf Arme und Oberschenkel übertragen. Das war damals ganz was Neues. Der Arzt dort hat es bei mir zum allerersten Mal probiert.

Da habens alle Angst gehabt. Wie nach zehn Tagen der Verband runterkommen ist, da sind sie alle in Jubel und Lachen ausgebrochen, weil es wunderbar geglückt ist. Das waren lauter kleine Tüpferln, wo die Haut draufkommen ist. Ich hab später immer gesagt: „Ich hab ein Schachbrett auf dem Bauch."

Es ist zweimal gemacht worden. Das war aber furchtbar schmerzhaft. Narkose haben sie mir keine geben können, weil das Herz zu schlecht war. Ich hab vor Schmerzen mit den Füßen nur so geschlagen. Ein Arzt hat mir die Füß festhalten müssen.

Miserable Messer habens auch noch gehabt. Die haben selber gesagt: „Ja mei, die Messer gehören auch einmal geschliffen." Aber sie haben weiter gearbeitet.

Später einmal hat der Arzt meinen Arm, weil er gemeint hat, er bleibt steif, mit aller Gewalt raufgebogen. Dann ist am Oberarm eine große rote Blase entstanden. Das war ein unerträglicher Schmerz. Die ist später weggeätzt worden.

Dann hat der Arzt gesagt: „Da können wir nichts tun, als daß Sie selber, wenn Sie einmal soweit sind, versuchen den Arm zu bewegen." Das hab ich auch gemacht. Und Fingerübungen hab ich machen müssen, weil jedes einzelne Fingerglied steif war.

Damals hat man noch die schweren Zinkeimer gehabt, wo zehn Liter Wasser neigehn. So einen hab ich nachher, wie ich wieder hab aufstehn können, genommen, voll mit Wasser, und hab ihn immer im Kreis geschwenkt, damit der Arm wieder gerade wird. Weil durch die Verbrennung waren die Sehnen verkürzt. Das hat aber geholfen.

Mein Mann hat mich jeden Sonntag besucht und jeden Sonntag hat er daheim einen Pfundskrach gekriegt. Und ich hab ihm jedes Mal ein Gesetzerl vorgeweint. Ich hab mir immer vorgenommen, diesmal wein ich nicht, und wenn er da war, hab ich halt doch wieder geweint.

Ich war bei meinem Mann in der Familienhilfe versichert. Die hat bloß ein Vierteljahr gezahlt. Dann hat die Fürsorge zahlt, nach dem Vierteljahr. Das hätt mein Mann dann später wieder retour zahlen müssen. Dann ist aber 1936 eine Amnestie gekommen. Der Hitler hat aus irgend einem besonderen Anlaß eine Amnestie erlassen, warum weiß ich nimmer*, dann hat er nichts mehr zahlen müssen. Ich glaub er hat nur einmal zwanzig Mark bezahlt.

Wie ich ein halbes Jahr im Krankenhaus war, hab ich's nicht mehr ausgehalten vor Heimweh. Dann hab ich so viel gebettelt, daß ich heim darf. Dann hat der Arzt gesagt: „Nein, das geht noch nicht."

Ich hab's aber nimmer ausgehalten. Das war im Winter. Ich hab mein Bett am Fenster gehabt. Wenn das Wetter umgeschlagen ist, dann sind die Berge plötzlich ganz nah und ganz schwarz vor meinem Fenster gestanden, daß ich gemeint hab, sie erdrücken mich.

Dann hab ich halt so lang gebettelt, bis ich doch heimdürfen hab.

Mein Mann hat nach dem Tod von der Anna unsere Wohnung aufgegeben und ist zu seiner Mutter gezogen, die war ja jetzt ganz allein. Da bin ich dann also hinkommen.

Mein Mann hat mich gepflegt und jeden Tag verbunden. Arzt haben wir keinen geholt, obwohl es die Ärzte im Krankenhaus angeschafft haben. Aber den hätten wir ja selber zahlen müssen.

Dann war schon fast alles zugeheilt, dann ist alles wieder aufgebrochen und hat geeitert. Dann wollt mein Mann doch den Doktor holen, aber ich hab gesagt: „Wir brauchen keinen Doktor, ich weiß genau, was wir tun müssen. Jetzt hast das eine Mittel genommen, jetzt nehmen wir das andere, im Krankenhaus habens auch immer abgewechselt." Das hat er dann gemacht. So hat er mich ganz ohne Arzt behandelt.

Meine Schwiegermutter hat mir Pelze zum Nähen ins Bett geschmissen. Und meine Arme waren doch noch ganz steif. Jetzt bin ich drin gesessen mit ausgestreckten Armen und hab so genäht. Sie hat gesagt: „So schön möcht ich's auch mal haben, im Bett liegen wie eine Gräfin und sich bedienen lassen."

Dann hat mir mein Mann einmal ein Bad hergerichtet. Das war so ein Holzzuber, den hat er ins Zimmer gestellt. Dann hat er gesagt: „So, jetzt hol ich meine Mutter, daß sie einmal sieht, wie du ausschaust, weil sie immer meint, du magst bloß nicht arbeiten."

* Anlaß waren die Olympischen Spiele 1936 in Berlin

Dann, wie sie mich gesehen hat, ist sie erschrocken: „Um Gottes Willen, nein! So hab ich mir das nicht vorgestellt." Aber genützt hat es doch nichts. Sie war nachher auch nicht netter zu mir.

Im Januar bin ich aus dem Krankenhaus heimkommen und im Mai bin ich in Erholung fortkommen. Das hat die Landesversicherungsanstalt bezahlt, weil meine Invalidenrente hab ich mir nicht rauszahlen lassen, wie ich geheiratet hab, die hab ich weitergeklebt.

Mein Kind war ganz verändert wie ich aus dem Krankenhaus heimkommen bin. Sie hat nicht mehr essen wollen, das war furchtbar. Auch Bettnässen hat sie wieder angefangen, wo s' doch schon so schön sauber war, vorher. Das muß alles furchtbar gewesen sein für das Kind.

Die Bettl hat auch erzählt, daß meine Schwiegermutter zum Kind gesagt hat: „Knie dich hin und bet für deine Mutter, daß sie nicht sterben muß!" Da war das Kind drei Jahr alt.

Das Geschäft hat mein Mann dann aufgeben müssen. Da hat, glaub ich, der Hitler so ein Gesetz rausgegeben, daß kleine Geschäfte bis zu einer bestimmten Summe Einkommen aufgelöst werden müssen. Dann haben wir's abmelden müssen.

Er ist dann zur Trambahn gegangen als Schaffner. Er wollt ins Büro. Er hat andauernd Bewerbungen geschrieben, er hat ja mittlere Reife gehabt und abgeschlossene kaufmännische Ausbildung und gute Zeugnisse. Aber nirgends habens ihn genommen, weil er nicht in der Partei war.

Ich hab zu der Zeit wieder in der Wäscherei bei Hiebers gearbeitet. Dazu hab ich noch Zeitungen ausgetragen. Ich bin um 3 Uhr früh aufgestanden und bin zum Zeitungsaustragen gegangen. Um 7 Uhr früh bin ich heimgekommen und hab's Kind für die Schul zusammengerichtet. Manchmal hab ich mich noch ein bißl hingelegt und hab ein Stünderl geschlafen. Dann bin ich aufgestanden, hab die Wohnung gemacht und gekocht und dann hab ich alles liegen und stehen lassen, denn um eins hab ich schon in der Wäscherei sein müssen. Da war ich dann bis sechs Uhr auf d'Nacht.

Ich hab das Tagblatt ausgetragen, das ist der heutige „Merkur", den hat der Hitler dann verboten. Die „Post" hat er auch verboten, nur die „Neueste", das ist die jetzige Süddeutsche, hat es noch gegeben und den „Völkischen Beobachter", sonst nix mehr. Ich hab mir aber um keine andere Zeitung mehr geschaut, weil mir das zuviel war, das und die andere Arbeit. Mein Mann hat mir oft geholfen, aber wenn er selber Frühdienst hatte, so hat er auch um fünf Uhr angefangen, dann ist's nicht gangen.

Im Frühjahr 1938 war ich so erschöpft und überarbeitet, daß ich mir nur immer gedacht hab: „Ich möcht eine Krankheit, die nicht wehtut, und wo ich schlafen darf!" Dabei hab ich dann operiert werden müssen, weil ich ein Myom gehabt hab.

Ich hab Angst gehabt vor der Operation, aber es ist gut gegangen und glücklich war ich, daß ich hab schlafen dürfen. Die haben mich bloß immer zu den Mahlzeiten aufgeweckt, so daß die Schwestern gesagt haben: „So eine angenehme Patientin haben wir noch nie gehabt, Sie schlafen ja immer." Ich war einfach überarbeitet.

Wie ich aus der Klinik entlassen worden bin, sind wir mit der Trambahn heimgefahren. Das hat so weh getan, bei jedem Rumplerer, den die Trambahn gemacht hat, hab ich gedacht, Messer schneiden in meinem Bauch. Ich hab gedacht, wir kommen nimmer heim. Mei, für Taxi war halt wieder kein Geld da.

1938, da war so eine „Volksabstimmung", also eine Art Wahl. Man hat aber nur mit „ja" oder „nein" stimmen können. Und da sind dann die Wahllokale einzeln ausgezählt worden, und dann hat es geheißen, bei uns in der Kirchenschule sei nicht eine Nein-Stimme gewesen, und das gibt's doch nicht! Ich war ja im Krankenhaus, aber mein Mann hat den Hitler bestimmt nicht gewählt, und nebenan die Haselbergers, das waren schwere Kommunisten, die haben ihn auch nicht gewählt. In Haidhausen waren auch immer so viel Sozis, die haben ihn doch auch nicht gewählt, und dann unsere ganzen Klöster! Also, da muß was nicht sauber gewesen sein, bei der Wahl.

1938 war dann auch die „Reichskristallnacht". Da sind an allen jüdischen Geschäften die Fensterscheiben eingeschlagen worden. Da ist am andern Tag im Radio gesagt worden, daß sich die Bevölkerung gemeinsam gegen die Juden erhoben hat, aber es sei nichts geplündert worden, es sei alles in vollkommener Ordnung vor sich gegangen. Es seien zwar Fenster eingeschlagen worden, aber das sei nur eine Demonstration gewesen. Daß sie die Fenster eingeschlagen haben, das habens ja zugeben müssen. Später hat man dann erfahren, daß doch gestohlen worden ist.

Die Synagogen sind auch angezündet worden und Juden verhaftet.

Was wir uns damals gedacht haben – ja, entsetzt waren wir schon, und doch auch wieder nicht so arg. Man war nicht allzugut auf die Juden zu sprechen. Man ist immer gegen die Juden erzogen worden, schon früher, lang vor dem Hitler. Freilich, wir haben im Pelzgeschäft immer wieder mit

Juden zu tun gehabt und sind gut gefahren mit den Juden. Und auch so: ich hab öfter Juden kennengelernt, die waren eigentlich recht nett. Und wir haben auch nicht gewußt, daß sie mißhandelt worden sind, damals. 1938 da hat es geheißen, es sei eine einzige Empörung gewesen, und es sei ihnen nichts passiert. Mei, wir sind doch angelogen worden, daß uns die Augen getropft haben.

XI. MIT DER GEIGE NACH RUSSLAND – BEDINGT TAUGLICH FÜR DIE HITLER-JUGEND – TOTE, MIT SÄCKEN ZUGEDECKT – BROTBEUTEL UND KUCKUCKSRUFE

1938 hat man auch schon Angst gehabt, daß Krieg kommt. Ich weiß noch, meine Tochter war da in der ersten Klasse, und da haben sie in der Schule immer beten müssen für die Erhaltung des Friedens.

1938, da ist doch auch der Chamberlein nach München gekommen. Das „Münchner Abkommen" muß da gewesen sein. Da ist's Spitz auf Knopf gestanden, daß Krieg wird. Dann ist's Gottseidank nochmal gut gegangen. Wir haben gemeint, jetzt ist alles vorbei. Vielleicht war er nur noch nicht genug gerüstet, der Hitler. Das Jahr drauf haben wir ihn dann gehabt, den Krieg.

Wie der zweite Weltkrieg ausgebrochen ist, da hat niemand mehr gejubelt. Die Leut waren bestürzt und haben geweint. Jeder hat Todesangst gehabt. Die Frau Eigner von nebenan hat gesagt: „Den Krieg überleben wir nicht, da geh'n wir alle kaputt."

Und dann haben wir zuerst auch immer gesiegt, so wie im ersten Weltkrieg. Aber wie sich dann Rußland eingemischt hat, da haben die Leut schon gesagt: „Jetzt ist's vorbei, jetzt gewinnen wir den Krieg nimmer. Gegen Rußland ist noch keiner aufkommen." Man hat's natürlich nicht laut sagen dürfen, nur heimlich unter uns haben wir's gesagt: „Jetzt ist's aus!"

Mein Mann ist am 2. Dezember 1941 eingezogen worden. Er war nur kurz in der Kasern, er ist im Februar 1942 schon nach Rußland gekommen, das heißt in die Ukraine, das war damals noch Etappe. Da waren wir so froh. Er war Schreiber im Büro beim Stab. Er hat seine Geige dabei gehabt. Er hat auch zu allen möglichen Gelegenheiten Gedichte gemacht und gezeichnet und Spielzeug geschnitzt. Aber dann sind eben die Russen immer weiter vormarschiert –.

1942 ist meine Tochter in die Oberschule gekommen. Die Lehrerin hat gesagt, ich soll sie unbedingt reintun. Zur Hitlerjugend hat sie auch müssen. Da hab ich sie aber ziemlich frei gekriegt. Ich hab sie vom Arzt „bedingt tauglich“ schreiben lassen. Sie war halt recht zart. Dann haben die BDM-Führerinnen immer nicht recht gewußt, was das ist, „bedingt tauglich“. Und dann, wenn's mir zu dumm geworden ist, wenns wieder recht lang haben rumstehen müssen, und sie hat schon ganz blaugefrorene Knie gehabt, dann bin ich hin, hab sie rausgeholt mitten aus der Reih und hab gesagt: „Schluß jetzt! Ich muß sie ja haben, wenn sie krank ist.“

1942 muß auch der erste Fliegerangriff auf München gewesen sein, im Herbst 1942. Ich hab's meinem Mann geschrieben, nicht so, wie ich sonst immer schreib – mein Mann hat immer gesagt „Telegrammstil“ – sondern ausführlicher. Weil mich das so beeindruckt hat, das war so merkwürdig: da war ein Haus kaputt, und oben ist an einem Fensterbrett, wo kein Fenster mehr dahinter war, keine Wand, nix, da ist ein unversehrter blühender Geranienstock gestanden.

Die Angriffe auf München sind dann immer schlimmer geworden. Jedes Mal sind am andern Tag die Toten in der Zeitung gestanden, mit einem schwarzen Rand rundrum.

Und meine Schwiegermutter ist mir nie in den Keller gegangen. Dann war wieder einmal ein schlimmer Angriff, grad auf Haidhausen. Wir waren im Luftschutzkeller, und genau über uns war die Wohnung. Und da hab ich gehört, wie oben alles durcheinanderfällt. Dann hab ich gesagt: „Um Gottes Willen, meine Schwiegermutter ist droben!“ Dann wollt ich nauf und sie holen. Dann haben die Leut im Keller gesagt: „Unterstehen Sie sich, daß Sie jetzt während dem Angriff die Kellertür aufmachen! Der Luftdruck kann uns alle umbringen.“ Da hab ich drunten bleiben und warten müssen, bis der Angriff vorbei war. Dann bin ich nauf.

Sie ist im Eckerl hinter der Tür gekauert und hat nur gewimmert. Die Fensterscheiben waren alle kaputt, der Plafond herunten. In der Küch, das schwere Eichenbüfett, da war das ganze Oberteil umgeschmissen und 's Geschirr heraußen und alles kaputt. Am Boden ist unser letztes Apfelgelee gelegen. Das Gelee und der Mörtel vom Plafond: ein Brei.

Dann hab ich meine Schwiegermutter genommen und wollt ihr zeigen, wie's ausschaut in Haidhausen. Da sind Tote auf der Straße gelegen, mit Säcken zugedeckt. Ich hab gemeint, vielleicht geht sie mir dann in den

Keller. Ich hab sie aber nur ein paar Schritt weit gebracht. Sie hat nur von weitem die zerstörten Häuser gesehn, dann ist sie wieder umgekehrt. Sie ist aber so erschrocken, daß sie gleich um Evakuierung eingegeben hat.

Und mir kein Wort gesagt! Ich komm von der Arbeit heim, ist eine katholische Schwester da. Ich sag: „Ja, Schwester, was machen denn Sie da?" Dann hat sie gesagt: „Ja, Ihre Schwiegermutter ist grad fortkommen." „Was", hab ich gesagt, „meine Schwiegermutter? Wieso? Wo ist sie denn hingekommen?" Dann hat sie gesagt: „Ja wissen Sie denn nichts? Die hat um Evakuierung eingegeben. Vorhin war der Wagen da und hat sie abgeholt."

Sie hat sich von mir nicht verabschiedet und vom Kind auch nicht.

Sie ist dann nach Kösching bei Ingolstadt gekommen.

Im Herbst 1943 sind die meisten Kinder in ein KLV-Lager gekommen, „Kinderlandverschickung" war das. Meine Tochter ist mit der Klasse nach Bad Tölz gekommen.

Dann bin ich einmal hingekommen nach einem Angriff auf München, da war sie so glücklich. Sie hat gesagt, daß eine andere Mutter aus München da war und gesagt hat: „Haidhausen ist ganz kaputt". Da hat sie um mich so Angst gehabt.

Die Heimleiterin hat gesagt, ich soll sehen, daß ich sie rausholen kann. Sie paßt nicht dahin, sie geht kaputt dabei. Das war aber streng verboten, daß man ein Kind wieder aus dem KLV-Lager nimmt. Es hat geheißen, so ein Kind darf an keiner deutschen Oberschule mehr aufgenommen werden.

Ich bin damals drei Tage lang von Pontius zu Pilatus gerannt. Ich weiß selber nicht, wie ich das fertig gebracht hab. Erst hab ich mir ein ärztliches Zeugnis geben lassen, daß mein Kind häusliche Pflege braucht. Richtig krank war sie nicht, nur übersensibel. Dann bin ich wieder nach Tölz gefahren und wollt den Rektor sprechen, der die Lager unter sich gehabt hat.

Da hat die Heimleiterin mit ihm telefoniert. Sie hat gesagt: „Ja, er ist jetzt da. Gehen Sie gleich hin in die Villa Soundso!"

Und da bin ich dann hin, und dann hat er sich verleugnen lassen. Hat es geheißen, er ist nicht da. Ich hab aber doch gewußt, daß er da ist. Da hab ich gesagt: „Wenn der für mich nicht zu sprechen ist, dann nehm ich meine Tochter einfach so mit." Dann hab ich sie genommen und bin mit ihr nach München zurück.

Damals war schon noch Schule in München, aber die meisten Kinder waren weg. Ich bin zu ihrer Schule und hab sie angemeldet. Dann hat die Sekretärin mich nicht vorlassen wollen zum Direktor und annehmen wollt sie meine Tochter auch nicht. „Nein, das geht nicht!" Dann hab ich gesagt: „Wissen Sie was, mit Ihnen verhandle ich überhaupt nicht, ich geh gleich zum Direktor!", und bin an ihr vorbei und gleich zum Direktor rein. Ich hab so eine Wut gehabt, daß ich gar keinen Respekt mehr gehabt hab.

Der hat gemerkt, daß ich sehr aufgeregt bin. Er hat gleich gesagt: „Um Gottes Willen, gnädige Frau, setzen Sie sich doch! Was gibt's denn?"

Dann hab ich gesagt: „Ja, ich hab meine Tochter aus dem KLV-Lager getan, und ich möcht, daß sie wieder an die Schule kommt."

„Nein, das geht nicht, das darf ich nicht. Haben Sie den Entlassungsschein von dem Rektor dort?"

„Nein, der hat mir keinen gegeben. Der hat sich verleugnen lassen. Ich weiß genau, daß er da war, aber er war nicht zu sprechen, er hat sich verleugnen lassen." Das war ihm sehr unangenehm, das hat man gemerkt. Sag ich: „Ich hab ein ärztliches Zeugnis, das Kind braucht häusliche Pflege, und ich mein, das geht vor, wenn mein Kind krank ist."

Dann ist er also naus mit mir ins Vorzimmer und hat gesagt: „Ja also schreiben Sie's ein, das Kind kommt wieder an unsere Schule."

Dann ist sie wieder in die Schule gekommnen. Aber es hat nicht sehr lang gedauert, dann sind in München die Schulen ganz geschlossen worden.

Wir sind dann aufs Land nach Darching, dahin, wo ich damals in der Arbeitslosigkeit zum Kindsen war, das war Ende 44. Meine Tochter hat mit dem Zug immer nach Miesbach in die Oberschul fahren müssen, und ich hab alle Tag nach München müssen, weil ich halbtags in der Rüstung gearbeitet hab. Denn Frauen, die nur ein Kind unter 14 Jahren gehabt haben, sind für den Rüstungsdienst verpflichtet worden. Mittags bin ich dann wieder nach Darching zurück, und am Wochenende waren wir immer in München. Ich bin am Samstag nach der Arbeit gleich drin geblieben und meine Tochter ist nach der Schul gekommen.

An einem Samstag war vormittags ein schlimmer Angriff, da hab ich gedacht, sie bleibt in Darching, vor allem, wie sie am Spätnachmittag noch nicht da war. Dann bin ich abends nach Darching zurück.

Dabei ist sie doch losgefahren und hat von Miesbach nach München, das sind so 45 km, von mittags ein Uhr bis nachts elf Uhr gebraucht. Sie hat dann nachts noch zu Fuß heimlaufen müssen durch die zerbombte Stadt, weil doch keine Trambahn mehr gefahren ist.

Ich bin bei der Nacht um zwölf in Darching angekommen, dann war sie nicht da! Ich hab alle aufgeweckt, die ich gekannt hab, weil ich solche Angst um sie gehabt hab. Am anderen Morgen bin ich dann wieder nach München und da war sie dann.

Wenn in München ein Angriff war, dann haben in dem Haus, wo wir gewohnt haben, die Türen und Fenster gezittert. Man hat die „Christbäum“, so hat man die Beleuchtungskörper genannt, die die Flieger abgeschmissen haben, daß sie ihr Ziel besser finden, über der Stadt gesehen und der ganze Himmel war rot von Feuer. Ich hab gesagt: „Um Gottes Willen, da kann daheim alles kaputt gehen und man kann nichts retten! Wir sind da heraußen und können nichts tun, das derpack ich nicht!“ Dann bin ich mit meiner Tochter wieder nach München zurück.

Aber es war ja auch so: wenn man da war, hat man noch was retten können. Wenn Brandbomben gefallen sind, haben die Frauen und Kinder gelöscht. Männer waren ja keine mehr da, nur alte und kranke. Wenn man nicht da gewesen ist, ist alles verbrannt.

Die Leut dort haben nicht verstanden, daß ich zurückgeh in die Stadt. Sie haben gesagt: „Ihr könnt ja auch tot sein.“ Ich hab mir gedacht: „Lieber tot, als auf euch angewiesen sein.“ Ich hab ja gesehen, wie die Flüchtlinge zum Teil von den Bauern behandelt worden sind.

Bevor bei Fliegerangriffen die Sirenen geheult haben, ist im Radio ein Kuckucksruf gekommen.

Wenn irgendwo an der deutschen Grenze feindliche Flieger reingekommen sind, ist die Musik oder der Text plötzlich leise geworden und man hat einen Kuckucksruf gehört. Dann hat man gleich auf den Laibacher Sender umgestellt, und da ist dann immer durchgesagt worden, wieviele Kampfverbände im Anflug sind, in welcher Richtung, wie weit sie noch von München weg sind. Wenn es aber geheißen hat, sie sind noch 25 km weg, sind schon die ersten Bomben gefallen.

Einen Kuckuck haben wir noch lange nicht hören können, ich mein den richtigen im Wald, da ist uns noch lang nachher immer schlecht geworden, wenn wir den gehört haben.

Amerikaner und Engländer sind gekommen, Russen nicht.

Die haben rigoros bombardiert, selbst wenn auf dem Dach das Rote Kreuz war. Die Krankenhäuser haben alle ein Rotes Kreuz auf dem Dach gehabt und sind trotzdem oft bombardiert worden. Auch Kirchen und sonstige Sachen, wo man doch gewußt hat, daß da keine Rüstung und nix ist, sind bombardiert worden. Die haben einfach abgeschmissen.

Wenn die Amis jetzt behaupten, in Vietnam hätten sie immer nur militärische Ziele gehabt – also nie glaub ich das! Wir wissen doch, wie sie's bei uns gemacht haben. Nie, ganz ausgeschlossen! Die sind doch auch im Tiefflug runter und haben auf Frauen und Kinder geschossen.

Dem Brandmeier Hansi seine Frau ist bei Darching mit dem Kinderwagerl gefahren – sie hat's oft erzählt – dann sind die Tiefflieger runter. Sie hat sich schnell ins Bahnwärterhäusl geflüchtet, da habens dann noch zum Fenster neigeschossen.

Und meine Tochter, wie die in Miesbach in der Schul war, da sind sie beim Angriff mit der Klasse in den Wald geführt worden. Und da sinds auch runter und haben geschossen, und müssen doch gesehen haben, daß es lauter Kinder waren.

XII. HELDENTOD JUDENMORD SABOTAGE UND SCHNECKEN AUS DEM ENGLISCHEN GARTEN

1944 ist auch das mit meinem Mann passiert. Er hat mir geschrieben gehabt, daß er auf Kurzurlaub kommt. Wir haben uns schon so gefreut. Und dann ist ein Telegramm gekommen, daß er nicht kommen kann. Da hat er schon nicht mehr rauskönnen, da waren sie schon eingeschlossen. Das war der Rückzug der deutschen Truppen in Rußland, „der planmäßige Rückzug zur Frontbegradigung" habens im Radio immer gesagt.

Der Kommandant von Tarnopol wollte sich unbedingt ein Ritterkreuz verdienen. Da hat er die Stadt gehalten, „um den Rückzug der deutschen Truppen zu decken". Er hat einfach nicht übergeben, obwohl die Front schon viel weiter zurück war.

Das Ritterkreuz für den Kommandanten von Tarnopol

Führerhauptquartier, 12. April

Über einen Monat steht die ostgalizische Stadt Tarnopol im Brennpunkt schwerer Kämpfe. Bald nach Beginn seiner großen Offensive stieß der Feind mit schnellen Verbänden bis in die Umgebung der Stadt vor und drang auch mehrmals in Tarnopol selber ein. Jedesmal wurde er wieder zurückgeworfen und erlitt schwere Verluste an Menschen und Material.

Seit mehreren Wochen führt die Besatzung von Tarnopol einen heldenmütigen Abwehrkampf, der bereits wiederholt im Wehrmachtbericht erwähnt worden ist. Immer wieder liegt schwerstes Artillerie- und Granatwerferfeuer auf der Stadt, und immer wieder laden sowjetische Flugzeuge ihre Bomben ab, aber zwischen den Trümmern der zerschossenen Häuser lebt ungebrochen der Widerstand der Verteidiger. So oft die Massen der Bolschewisten anrennen, werden sie blutig zurückgeschlagen. Gelingen ihnen Einbrüche in das Stadtgebiet, so werden sie im Gegenangriff und im erbitterten Häuserkampf Mann gegen Mann wieder zurückgeworfen oder die Einbrüche abgeriegelt und unschädlich gemacht.

Die Seele dieses Abwehrkampfes ist der Kommandant der Stadt, Generalmajor Egon von Neindorff, der die gesamte Besatzung mit zähem Widerstandswillen bis zum letzten zu erfüllen verstanden hat und auch schwierigste Lagen mit unerschütterlicher Zuversicht und Kaltblütigkeit meistert. Er ist am 2. April im Wehrmachtbericht genannt worden. Zwei Tage später hat ihm der Führer das Ritterkreuz des Eisernen Kreuzes verliehen. Damit wurden zugleich die hervorragenden Leistungen der ihm unterstellten Truppen anerkannt.

Offizielle Zeitungsmeldung

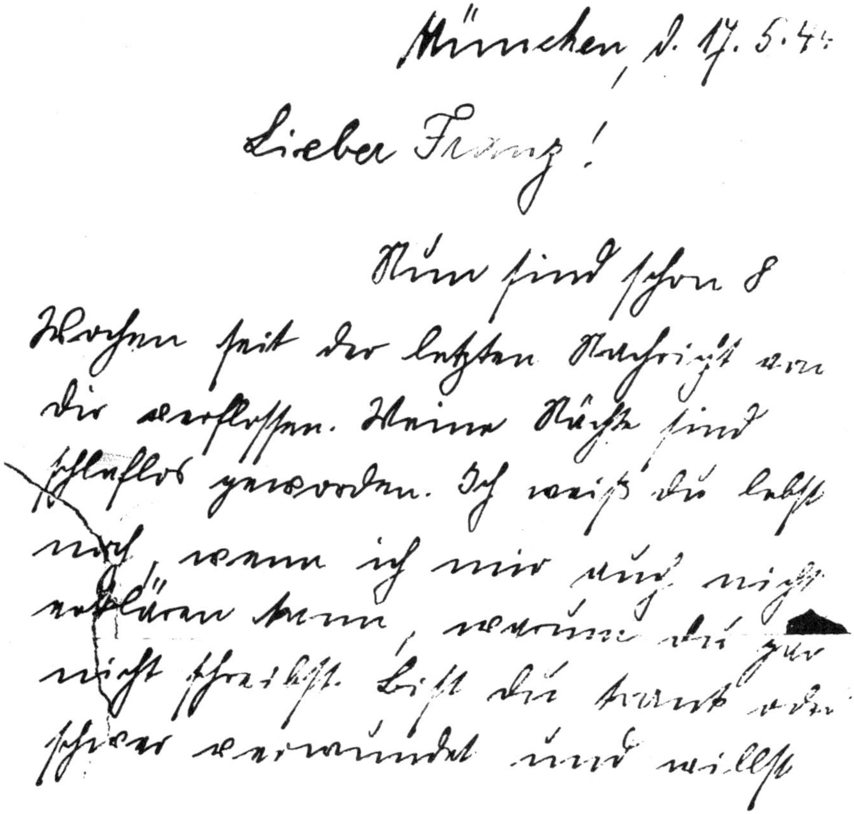
München, d. 17. 5. 44.

Lieber Franz!

Nun sind schon 8 Wochen seit der letzten Nachricht von dir verflossen. Meine Nächte sind schlaflos geworden. Ich weiß du lebst noch, wenn ich mir auch nicht erklären kann, warum du gar nicht schreibst. Bist du krank oder schwer verwundet und willst

München, den 17. 5. 44

Lieber Franz!

Nun sind schon 8 Wochen seit der letzten Nachricht von Dir verflossen. Ich weiß Du lebst noch, wenn ich mir auch nicht erklären kann, warum Du gar nicht schreibst. Bist Du krank oder schwer verwundet und willst es mir nicht wissen lassen um mich nicht zu erschrecken? Hast Du so wenig Vertrauen zu mir? Ach ich würde ja so gerne alles für Dich tun, wenn ich Dir nur helfen könnte.

Es grüßen Dich in unendlicher Liebe

Deine Frau und Dein Kind

Diesen Brief schrieb Josefa Halbinger nach Tarnopol. Er kam mit dem Vermerk „unzustellbar“ zurück.

In der Stadt waren lauter Soldaten, die nicht ganz gesund waren oder schon älter. Mein Mann hat ja auch Mittelohreiterung gehabt und sollte operiert werden. Aber der Kommandant hat alle Leut geopfert, die in der Stadt waren. Wieviel das waren, weiß ich nicht mehr.

Fünfundzwanzig Tage warens eingeschlossen. Und alle Tag habens im Radio einen Bericht gebracht. Und alle Tag hab ich mir gedacht: „Um Gottes Willen, der ist da drin!" Und alle Tag hab ich mir vorgenommen: Jetzt wenn wieder die Nachrichten kommen, dann schalt ich nimmer ein. Und wie hypnotisiert hab ich die Nachrichten immer wieder eingeschaltet.

Dann haben sie gemeldet, daß mit dem „Fieseler Storch" welche rausgeholt worden sind. Die sind dann vom Goebbels empfangen worden und geehrt. In den Zeitungen ist gestanden vom „leuchtenden Beispiel deutschen Kriegertums", und vom „Dank des Vaterlandes für die Helden von Tarnopol."

Wie Tarnopol gefallen war, und ich nichts gehört hab, hab ich's mir schon denken können. Am Pfingstdienstag ist dann einer kommen von der Ortsgruppe der NSDAP und hat mir gesagt, daß mein Mann vermißt ist. Ich hab gesagt: „Vermißt ist noch nicht gefallen. Ich hab immer noch die Hoffnung, daß er kommt." Er hat auch wieder von Heldentum geredet und mir das Verdienstkreuz mit Schwertern überreicht.

Und wie mein Mann zuletzt naus ist ins Feld, da hab ich doch noch gesagt zu ihm: „Gell Franz, sei vernünftig, bring mir kein Eisernes Kreuz, bring mir dein eigenes Kreuz wieder gesund heim!"

Wie er zuletzt in Urlaub da war, da hat er mir zum ersten Mal erzählt, daß Juden erschossen werden. Die haben sich zuerst ihr Grab schaufeln müssen, das hat er gesehen. Da waren auch ganz alte Leute dabei und Frauen und Kinder. Dann haben sie sich hinstellen müssen und sind rücklings hineingeschossen worden. Dann ist noch ein paarmal in die Gruppe hineingeschossen worden, wenn sich da noch was gerührt hat, weil manche noch nicht ganz tot waren. Dann habens Erde drauf getan, und im Frühjahr sind die Hunde gekommen und haben sie – weils nicht tief genug eingegraben waren – haben die Leichen wieder ausgegraben.

Und einmal hat die ganze Kompanie den Befehl gekriegt, sie müssen Juden erschießen. Und dann habens alle gesagt: „Nein, wir sind Soldaten und keine Henker. Das machen wir nicht." Daraufhin ist dann die SS geholt worden, und die hat's gemacht.

Ein Jude, den haben sie alle gekannt, der hat ihnen immer alle möglichen Gefälligkeiten getan. Mein Mann hat gesagt: „So ein netter Mensch." Und dann hat es geheißen: „Es gibt keine Ausnahmen mehr, alle Juden müssen erschossen werden." Dann ist der eingesperrt worden. Dann haben die Soldaten gesagt: „Den dürfen sie nicht umbringen, wir geben ihm Gelegenheit zur Flucht." Und dann, wie der Jud über die Mauer geklettert ist, da hat plötzlich einer von der Kompanie auf ihn geschossen, hat ihn erschossen. Der war aber für die Kameraden erledigt, mit dem hat keiner mehr geredet.

Er wollt mir noch mehr erzählen, aber ich – ich hab doch das alles noch nicht gewußt, und wie er mir das erzählt hat, hab ich gesagt: „Um Gottes Willen sei still, Franz, ich kann's nimmer hören!" Er war auch ganz verstört.

Heut sagt jeder, er hat nix gewußt. Aber mein Mann war doch auch bloß ein kleiner Gefreiter und hat's erfahren! Ich weiß heut noch, wie entsetzt er war. Der war ganz fertig.

Vorher habe ich nur von Konzentrationslagern gewußt. Aber da hat keiner was erzählt, der aus dem KZ kommen ist. Wir haben halt gedacht, daß sie hart arbeiten müssen. Von Vernichtungslagern hab ich damals nichts gewußt, das hab ich alles erst später erfahren.

Bei uns haben die Juden einen Judenstern am Gewand tragen müssen. Die Frau Ruland von nebenan auch. Da haben viele nicht mehr mit ihr geredet. Ich schon, mir ist aber nie was passiert, ich hab Glück gehabt. Ich hab ganz offen auf der Straß mit ihr geredet. Sie hat immer gesagt, sie vergißt mir das nie. Ich glaub, sie hat es dann doch vergessen. Aber ich hab es auch nicht deswegen getan, daß sie mir dankbar ist, sondern weil sie mir leid getan hat, und weil ich das außerdem einen Blödsinn gefunden hab, daß ich plötzlich nicht mehr mit der Frau reden soll. Sie ist später nach Theresienstadt gekommen. Da war's nicht so schlimm wie in anderen Lagern. Sie war mit einem Deutschen verheiratet.

Ich hab mir eigentlich manchmal was erlaubt, aber mir ist nie was passiert. Wie damals, wie ich die Brandwache verweigert hab!

Ich hab doch in der Rüstung arbeiten müssen, halbtags Brotbeutel nähen. Da hat's dann eines Tages geheißen, wir müssen sonntags Brandwache halten. Dann hab ich gesagt: „Nein, das geht nicht". Der Betriebsobmann hat uns erklärt, wir können Einspruch erheben, wenn man es z. B. aus gesundheitlichen Gründen nicht machen kann. Dann hab ich als einzige gesagt: „Ja, ich erhebe Einspruch." „Ja, wegen was denn?" „Ja, ich bin schon einmal schwer verbrannt, ich hab den ganzen Körper voll Narben. Ich tät unbedingt davonlaufen, wenn's irgendwo brennt. Und dann kann ich das auch nicht: die schweren Schneidermaschinen in den Keller tragen." Hat er gesagt: „Das werden wir sehen."

Plötzlich krieg ich eine Vorladung zur Polizei. Bin ich hin. Dann sagt der: „Ja, hier ist ein Brief vom Herrn Soundso, der hat Sie angezeigt wegen Sabotage." War ich sprachlos. Sag ich: „Was, wegen Sabotage?" „Ja, Sie weigern sich die Brandwache zu halten." Ich sag: „Ja, das schon. Aber Sabotage kann man das doch nicht nennen!", und hab's ihm erklärt. Dann hat er gesagt – der war sehr nett –: „Wissen Sie was? Ich schick Sie zum Vertrauensarzt."

Dann hab ich nach Bogenhausen zum Arzt müssen. Da hab ich in Keller nunter müssen. Der hat seine Sprechstunden im Keller gehabt. Da waren lauter Heizungsrohre, ich weiß das noch gut, weil: das war so eine beängstigende Luft, und ich war doch am Herz damals schon nimmer ganz in Ordnung. Dann bin ich unten gesessen und hab kaum schnaufen können.

Dann bin ich hineingerufen worden. Dann hat er gesagt: „Sie haben sich geweigert die Brandwache zu halten, was haben Sie vorzubringen?" Dann hab ich gesagt: „Herr Doktor, ich bin schon einmal verbrannt, ich hab lauter schwere Narben." „Ja, können Sie mir die zeigen?" „Ja, schaun's Ihnen einmal meinen Oberschenkel an!" Hab ich den Strumpf runter und zeig ihm den Oberschenkel. Dann sagt er: „Um Gottes Willen, decken Sie zu, das reicht, Sie brauchen mir nichts mehr zu erzählen." Sag ich: „Ja, ich hab schon noch mehr." „Nein, das ist klar, Sie können keine Brandwache halten." Da war ich befreit auf das hin. Sabotage! Das hätt mir ja den Kopf kosten können!

Nach dem Krieg bin ich diesem Obmann einmal begegnet, dann hat er einen großen Bogen um mich gemacht. Er hat Angst gehabt, ich zeig ihn an.

Ich bin damals bei jedem Angriff heimgerannt. Das war aber verboten. Die letzte Zeit, da war vier-, fünfmal am Tag Angriff, da bin ich bloß immer hin- und hergerannt, ich bin gar nimmer zum Arbeiten gekommen. Einmal bin ich an der Wörthschul vorbeigerannt, da sind Schutzleute heraußen gestanden. Die haben gesagt: „Gehns rein, kommens rein in Keller!" Dann hab ich gesagt: „Nein, ich hab ein Kind daheim, ich muß zu meinem Kind!" Da hätt ich mich fast derrennt.

Meine Kolleginnen haben mich nicht verklagt. Wenn die mich hingehängt hätten, wär's mir schlecht gangen. Die haben das verstanden. Ich hab immer gesagt: „Ich muß heim zu meinem Kind."

Wir haben viel Fremdarbeiter gehabt, Franzosen, Polinnen und Russinnen. Denen ist's an sich nicht schlecht gangen bei uns. Die Frauen haben von den Deutschen viel geschenkt bekommen. Die waren bloß furchtbar schlampig. Wenn die Strümpf zerrissen waren, haben sie sie nicht geflickt, sondern bloß immer ein Stückl nach vorn gezogen, dann sind sie halt oben immer kürzer geworden.

Die Franzosen haben sich immer im Englischen Garten Schnecken gesucht und haben sie mit Butter und Petersilie gebraten. Das hat gut gerochen. Sie haben uns auch eingeladen, wir sollens probieren, aber ich habs nie probiert.

Eine Deutsche hat mit einem Franzosen ein Verhältnis gehabt. Das haben wir alle gewußt, aber es hat niemand was gesagt. Das war schwer strafbar. Paul hat er geheißen, der Franzos, ein bildhübscher, sympathischer Kerl. Es ist ihnen nichts passiert. Der Obmann muß das nicht gewußt haben, der hätt sie sonst bestimmt hingehängt, das war ein ganz dreckiger Hund.

Einmal hab ich auf die Polizei müssen, weil ich angeblich eine Französin bin. Dann hab ich gesagt: „Ja, wie kommens denn auf die Idee?" Ich hab gleich meine Papiere mitbracht. „Da schauns doch her, ich bin in Erching bei Freising geboren", hab ich gesagt, „und schon als ganz kleines Kind nach München gekommen. Ich bin von München noch gar nicht weggekommen. Ich bin einfach eine Münchnerin!"

„Ja, da steht, daß Sie in Paris geboren sind."

Da sag ich: „Ja, das ist schon gut: nicht ich bin in Paris geboren, sondern mein Schwiegervater. Wie könnens denn das verwechseln? Mein Schwiegervater ist in Paris geboren, war aber auch gebürtiger Deutscher."

„So", hat er gesagt, „dann ist da irgendwo ein Irrtum passiert".

Die müssen eine schöne Schlamperei gehabt haben, mich mit meinem Schwiegervater verwechselt, Alter, Geschlecht, Vorname, nichts hat gestimmt, nur J. Praun, weil der Julius geheißen hat. Ich eine Französin!

Politisch hab ich sonst keinen Ärger gekriegt, ich hab mich nirgends betätigt. Fremdsender hab ich auch nicht gehört. In der Weise war ich doch recht blöd, weil ich mir eingebildet hab, die lügen uns doch erst recht an, wenn uns schon unsere Leute anlügen, die Fremden lügen uns doch erst recht an. Deswegen hab ich keinen Fremdsender gehört, nicht weil's verboten war. Darum hätt ich mich weiter nicht geschert, denn wenn man's leise gemacht hätt, hätt das ja niemand gespannt.

Unser Hausmeister war in der Weise auch nicht so. Das war zwar ein boshafter Kerl, aber Nazi war er keiner. Der war viel zu katholisch. Er war Meßner in der Kirch.

Im Haus war nur der Ziegler Nazi, aber auch bloß, weil der bei der Polizei war, und die ganze Polizei geschlossen zur Partei gehen hat müssen. Er hat keinen hingehängt, und wenn er nicht gewesen wär, hätten wir keinen Luftschutzkeller gekriegt, weil sich der Blumberger, der Hausmeister, so gegen einen Luftschutzkeller gewehrt hat.

Der Blumberger war krankhaft geizig. Dabei hat der Geld gehabt. Seinem Vater soll halb Pasing gehört haben. Das hat er geerbt und damit hat er geschachert. Aber gelebt hat er wie ein Bettler. Der hat einfach nicht vertragen können, daß Geld ausgegeben wird. Deswegen auch das mit dem Luftschutzkeller. Er hätt das ja nicht zahlen müssen, sondern der Hausherr. Aber es hätt was gekostet, und das war ihm unsympathisch.

Dann ist der Ziegler losgerannt und hat gesorgt, daß wir alles kriegen, die eisernen Türen und die Bänke und alles. Er hat das über den Kopf vom Blumberger weg gemacht.

Der war nicht unrecht, der Ziegler. Er hat keinem Menschen was getan. Aber sein Sohn war SS-ler, der war bei der SS und Schreiber im KZ Dachau: Und nachher hat er behauptet, er hätt von der ganzen Sach überhaupt nix gewußt.

Er ist nach dem Krieg untergetaucht. Hubers, also die Familie von meiner Freundin Bettl, die haben ihm einen falschen Namen verschafft. Da ist was gegangen bei denen.

Die Susi, also die Tochter von der Bettl, war in Radom hauptamtliche BDM-Führerin gewesen. Nach dem Krieg haben sie dann den Nazis falsche Pässe verschafft, auch dem jungen Ziegler, der hat dann flüchten können. Er hat sich einen Bart wachsen lassen und einen falschen Namen zugelegt. Seine Frau hat sich gleich scheiden lassen. Inzwischen ist er wieder verheiratet und lebt auch längst wieder in Deutschland und es geht ihm gut, wie alle Nazi.

Die Bettl hat einmal in Radom gelebt, zusammen mit der Susi und der anderen Tochter, der Emma. Alle warens in Radom. Die haben alle gut gelebt. Die haben nie Hunger gelitten, im Krieg nicht und nach dem Krieg nicht, wo der Hunger erst richtig losgangen ist.

1945 sind die Flieger Tag und Nacht kommen. Am Tag die Amerikaner und bei der Nacht die Engländer. Wir sind angezogen im Bett gelegen, damit wir gleich in den Keller haben können, weil: wenn Alarm war, sind auch schon die Bomben gefallen. Manchmal sind erst die Bomben gefallen und dann war erst Alarm. Weil ja der Feind schon im Land war, so schnell haben sie gar nicht Alarm geben können, wie die da waren.

Die Stadt hat ausgeschaut! Man hat sich kaum mehr zurechtgefunden, weil man in manchen Stadtvierteln überhaupt nicht mehr gesehen hat, wie die Straß verlaufen ist, weil alles ein Schuttberg war. Da bin ich doch einmal ganz verzweifelt stundenlang durch die Stadt geirrt, mit einem nassen Tuch vor Mund und Nase, weil man vor Qualm und Hitze nicht hat atmen können, weil alles gebrannt hat, bis ich endlich heimkommen bin.

In der Wohnung waren schon längst alle Fenster kaputt. In der Ortsgruppe von der NSDAP hat man sich nach jedem Angriff anstellen müssen, da hat man Pappendeckel für die Fenster kriegt zum Zumachen. Nägel hat's nimmer geben. Wir haben die alten Nägel rauszogen aus den Rahmen, grad geklopft und wieder hergenommen.

Wie das erste Mal die Fenster kaputt waren, da haben wir von meiner Schwiegermutter noch so viel Heiligenbildl gehabt. Die haben wir ausgerahmt. Die Rahmen haben wir verheizt und die Gläser in die Fenster machen lassen. Aber dann waren die auch wieder kaputt..

Am Schluß haben wir nur noch einen Raum in der Wohnung gehabt, der notdürftig bewohnbar war. Da hab ich auf der Couch geschlafen und meine Tochter auf einer Matratze am Fußboden. Und doch haben wir Glück gehabt, daß wir nicht ganz ausgebombt worden sind.

XIII. DER VETTER AUS WÜRTTEMBERG DIE WEISS-BLAUE KAPITULATION, DER RASENDE GAULEITER

Wie man schon gewußt hat, der Krieg ist bald gar, es kann sich nur noch um Tage drehen, da bin ich nach Darching. Ich wollt schaun, daß ich noch was zum Essen auftreib, eine Milch und sowas. Dabei wie ich dort ankomm, habens gesagt, in München geht's so zu, ich soll schnell zurück, da ist ein Aufstand ausgebrochen. Der Hauptmann Gerngroß, die Freiheitsaktion Bayern war das. Die haben auch im Radio gesprochen. In Darching habens mir so Angst gemacht, daß ich gleich zurück bin, weil doch meine Kleine allein war. Ich bin mit einem Milchauto zurück. Mitgebracht hab ich nix.

Wie ich heimkomm, war ein Cousin von meinem Mann da. Der war als Soldat in der Türkenkasern gewesen. Und da hat ihr Hauptmann gesagt, wenn jetzt die Amis kommen: wer Angehörige in München hat, soll schaun daß er abhaut und zu seinen Angehörigen kommt. Er selber bleibt in der Kasern. Die niemand haben, sollen bei ihm bleiben, er übergibt dann alles. Das hätt er natürlich nicht dürfen, das hätt ihm im letzten Moment noch das Leben kosten können.

Da hat der Cousin an uns denkt. Er war nie bei uns gewesen, er war aus dem Württembergischen, aber er hat die Adress gewußt, und da ist er herkommen.

Zweifel, daß da was nicht stimmt, haben wir keine gehabt. Der hat so runtergerissen meinem Mann gleichgesehen, daß uns alle Leute gleich angeredet haben, ob das ein Verwandter ist.

Der hat sich dann in einem halb kaputten Zimmer provisorisch eine Schlafgelegenheit zurecht gemacht. Wir waren ganz froh, daß wir einen Mann in der Wohnung gehabt haben.

An dem Tag, wo die Amerikaner kommen sind, bin ich drüben am Wienerplatz angestanden um ein Fleisch. Da hat man schon schießen gehört. Die Leut haben gesagt: „Die Amerikaner kommen, die Amerikaner kommen!"

Ich hab mir denkt: „Das ist mir jetzt alles wurscht, wenn ich nur grad noch ein bißl ein Fleisch krieg! Kann passieren was will, ich bleib da." Dabei hat dann der Metzger, da waren noch drei vor mir, den Laden zugemacht. Er hat gesagt: nein, er traut sich nimmer, die Amerikaner kommen schon. Und dann sind die tatsächlich schon übers Grützner Bergerl raufgekommen. Ich bin dann zu meiner Tochter heimgelaufen. Ich hab gesagt: „Ich hab nix mehr gekriegt, die Amerikaner sind schon da!"

Wir haben uns in der Wohnung eingesperrt. Man hat es draußen schießen gehört. Manche Leut waren die ganze Nacht im Keller, aber wir sind heroben geblieben.

Am nächsten Morgen war's ganz still und dann sind wir vorsichtig auf die Straß. Dann haben wir sie stehen sehen mit den Panzern, und deutsche Mädchen sind ihnen gleich um den Hals gefallen. Das war am 1. Mai.

Die Leut waren alle froh, daß der Krieg aus war. „Wenn wir auch noch hungern müssen, die Hauptsach ist, daß keine Bomben mehr fallen" haben sie gesagt. Die Leut haben aufgeschnauft. Vaterländische Gefühle haben sie nicht mehr gehabt.

Hubers haben uns unmittelbar vor Kriegsende noch Nazisachen zum Verbrennen gebracht, Bücher und sowas. Die haben so viel gehabt, daß sie allein gar nicht mehr rechtzeitig fertig geworden wären mit dem Verheizen. Alle Leute haben geschaut, daß sie ihre Hitlerbildl noch schnell verbrennen können.

Wir haben weiter nix gehabt, nur die Uniform von dem Cousin. Die haben wir auch verbrannt, weils auch oft auf die Leut losgangen sind, wenns eine Soldatenuniform gesehen haben. Ich hab dem sowieso gleich Zivilkleider von meinem Mann gegeben, wie er gekommen ist, weil da war ja der Krieg noch nicht aus, da war's ja ganz gefährlich. Er ist dann nach einer Woche in den Kleidern von meinem Mann zu Fuß heim nach Württemberg. Monate später hat er dann einmal zwei Studenten geschickt um seine Uniform. Da hab ich aber eine Wut gekriegt! Ich geb ihm die Kleider von meinem Mann und er verlangt seine gräusliche Uniform zurück!

„Mein Kampf" vom Hitler haben wir auch gehabt, das hat aber nicht uns gehört, sondern dem Darchinger Hans. Der hat es einmal gekriegt, wie er verwundet worden ist. Das hab ich aber nicht verbrannt. Das hat mir später einer abgekauft, der hat einen Ami gekannt, der ganz wild drauf war. Da hab ich Lebensmittel dafür gekriegt.

Später einmal hat der Hans danach gefragt. Dann hab ich gesagt, wir habens verbrannt. Wir habens aber verfressen.

Richtig verteidigt ist München nicht worden. Mei, es war ja nix mehr da, keine Soldaten, keine Waffen. Die Leut haben so genug gehabt vom Krieg. Ein paar Hitlerbuben haben auf der Maximiliansbrücke eine Panzersperre aus altem Geraffel gebaut. Die Leut habens ausgelacht. Die hat doch der erste Panzer gleich umgefahren.

Die Leut haben weiße Fahnen rausgehängt, manche auch weißblaue. Wir haben auch weißblaue, also bayrische rausgehängt. Und Zieglers haben gesagt: „Mei, was machen wir denn? Wir können doch jetzt nicht gut eine weiße Fahne raushängen, da genieren wir uns, was machen wir bloß?" Dann hab ich gesagt: „Ich hab noch so eine weißblaue Schärpe, die hat mein Schwiegervater früher immer bei der Prozession getragen, die leih ich euch, die könnts raushängen!" Die habens dann nausgehängt, das war ihnen lieber.

Wie der Krieg gar war in München, ist gleich die Plünderei losgangen. Da waren Heereslager, die haben die Amis aufgemacht und da sind die Leut nei und habens ausgeräumt. Das war aber lebensgefährlich, so ist's da zugangen.

Im Bürgerbräu! Da hat's geheißen, es hat Tote gegeben. Ob das stimmt, weiß ich nicht, aber Verletzte sicher. Ich hab's auch probiert, aber ich hab's aufgegeben, ich hab Angst gehabt, die trampeln mich nieder. Ich bin ohne was wieder heim.

Dann hab ich's erzählt und dann ist der Cousin von meinem Mann hin. Der hat dann mehrere Dosen Büchsenfleisch gebracht, einen großen Brocken Rinderfett und einen Käs.

Das Büchsenfleisch haben wir überall versteckt, weil oft Amis gekommen sind und Haussuchung gemacht haben. In die Öfen haben wir die Büchsen versteckt und in ein Wandloch hinter der Tapete.

Es hat ja sechs Wochen lang weder Lebensmittelmarken gegeben noch sonst was. Hin und wieder hat's einmal ein Brot gegeben bei einem Bäcker. Da sind dann die Leute stundenlang angestanden und amerikanische Neger haben aufgepaßt, daß die Leut nicht den Laden stürmen und alles plündern.

Meine Tochter und ihre Freundin haben einmal einen Militärstoff gebracht, weil sie einem geholfen haben, seinen Stoff mit dem Fahrradl heimfahren. Da hat jede Stoff für einen Mantel gekriegt.

Und die ganzen Weinkellereien sind geplündert worden. Da haben meine Tochter und ihre Freundin einmal einen Rotwein gebracht im Putzeimer. Wir haben dann eine Zeit nur von Rotwein und Käs gelebt. Da hab ich eine furchtbare Verstopfung gekriegt. Und nachher haben wir Büchsenfleisch und Rinderfett gehabt. Auf das hab ich dann Durchfall gekriegt, den ich jahrelang nimmer losbracht hab. Man hat halt essen müssen, was man gerade gekriegt hat.

Wir haben Berge von Schutt und Abfällen vor dem Fenster gehabt. Müllabfuhr hat's ja auch schon längst keine mehr gegeben. Da ist dann der Schutt von den kaputten Häusern und die Küchenabfälle alles vor dem Haus gelegen, das ist schon übers Fenster rauf gegangen.

Wir haben uns nicht mehr retten können vor Fliegen und Ratzen*. Ratzen hat es damals gegeben – am hellen Tag sind einem da mitten in der Stadt riesige fette Viecher über den Weg gelaufen.

Dann sind eines Tages gefangene Ungarn gekommen, ungarische Nazis waren das, die haben den Schutt wegräumen müssen. Amis haben aufgepaßt. Die Ungarn haben aber den ganzen Tag nix zu essen gekriegt. Die haben uns so leid getan, weil sie so schrecklich verhungert ausgesehen haben.

Wir haben ja selber nix gehabt, wir haben zum Frühstück schon kochte Kartoffeln gegessen, weil es kein Brot mehr gegeben hat. Dann haben wir ihnen halt manchmal auch ein paar Kartoffeln zugesteckt. Das hätt man aber nicht dürfen. Aber manche Amis waren nett und haben sich absichtlich weggedreht, damit sie nichts sehen.

Wir haben immer furchtbar Angst gehabt. Die Gangtür hat man nicht mehr zumachen können, die haben wir jeden Abend verbarrikadiert, Tisch und Stuhl und Bügelbrett, alles haben wir davor hin. Aber in den Fenstern war bloß Pappendeckel, den hättens bloß eindrücken brauchen, dann wärens herinn gewesen, wir waren doch im Parterre.

Ich war mit meiner Tochter allein in der Wohnung, sie war damals knapp dreizehn. Ich hab mit ihr ausgemacht, wenn welche kommen, besoffene Russen oder Neger, dann soll sie gleich zum Fenster naus und die MP, also die Militärpolizei, holen. Ich bleib derweil da, sie soll schaun, daß sie in Sicherheit kommt. Sie hat ein bisserl englisch von der Schul her gekonnt und hat sich schon einen Satz zurechtgelegt gehabt, den sie dann sagt.

Damals waren doch viele gefangene Russen da. In der Wörthschul und in der Kirchenschul waren gefangene Russen und wir genau dazwischen! Die

* Ratten

sind dann natürlich freigelassen worden und dann haben sie sich besoffen und Frauen überfallen.

Einmal sind Russen ins Haus gekommen. Da ist irgendwo in der Nähe ein Schuß gefallen. Und die neugierige Rosa ist vor unserer Haustür gestanden. Die Rosa war dem Blumberger seine Haushälterin und seine Geliebte. Das hat ein jeder gewußt. Wenn die zwei gemeint haben, sie sind unbeobachtet, dann haben sie sich geduzt. Vor den Leuten waren sie per Sie. Sie hat immer gehofft, er heiratet sie, aber er hat nicht mögen. Er ist fast neunzig geworden und hat sie überlebt. Geheiratet hat er sie nicht.

Also und da ist irgendwo ein Schuß gefallen. Zwei Russen haben die Rosa gesehen und sind aufs Haus zu. Da ist sie schnell rein, hat die Haustür zugesperrt und ist die Treppe nauf.

Jetzt haben die Russen gegen die Tür getrommelt. Und wir herinn voller Zittern! Dann ist sie nochmal umgekehrt und hat ihnen aufgemacht. Wahrscheinlich hat sie Angst gehabt, die schlagen die Haustür ein. Jedenfalls hat sie aufgemacht und ist schnell wieder die Stiegen hinauf und in die Wohnung. Natürlich sinds ihr nachgerannt, an unserer Tür vorbei. Wir waren froh, wie sie vorbei waren. Dann habens an die Tür vom Blumberger pumpert. Er hat aufgemacht, da haben sie gleich auf ihn eingeschlagen. Sie hat sich schützend vor ihn hingeworfen und einen Teil der Prügel von ihm abgefangen. Er war immer ein kleines, dürres Mandl, und sie ganz schön dick, die hat schon was abgehalten.

Droben im dritten Stock haben Webers gewohnt, und die haben zufällig eine Weißrussin gekannt, die war grad bei ihnen in der Wohnung. Zu der haben sie dann gesagt, sie soll nunter gehen und den Russen sagen, daß der Blumberger unschuldig ist, damits ihn nicht erschlagen. Und die ist dann nunter und hat auch die Russen dazu gebracht, daß sie ihn in Ruhe gelassen haben.

Aber er ist noch tagelang rumgelaufen, ganz grün und blau verschwollen. Die Leut haben sich alle gefreut und ihm die Schläg vergönnt, weil er immer so boshaft war.

Bei der Nacht war damals immer Ausgangssperre. Ich glaub ab acht Uhr abends. Bei der Nacht haben wir drüben in der Anlag die Frauen schreien gehört. Die sind vergewaltigt worden. Zitternd sind wir immer im Bett gelegen. Ich hab oft gesagt: „Hörst es, wie's wieder zugeht am Johannisplatz?" Hab ich gesagt: „Daß die Frauen aber auch nausgehn, wenn doch schon Sperre ist!"

Der Krieg war für uns am 1. Mai gar, weil da die Amerikaner gekommen sind. Wie er dann wirklich gar war, sind Flugzettel verteilt worden und Plakate waren angeschlagen. Ich kann mich noch gut erinnern: „Bedingungslose Kapitulation". Der Dönitz hat das unterschrieben.

Wir haben andauernd Fragebogen ausfüllen müssen, unendlich viel, ob man Nazi war und sowas.

Und dann ist auch gleich das Denunzieren losgangen.

Nach dem Krieg ist bald das Gerücht aufkommen, es gibt Krieg zwischen den Amerikanern und den Russen. Haben wir gesagt: „Jessas, das wird auf unserem Rücken ausgetragen!" Da haben wir wieder furchtbar Angst gehabt.

Dann hat es auf einmal geheißen, die Amerikaner geben Bayern wieder her, die Russen kommen nach Bayern, da ist irgendwas ausgetauscht worden. Da haben wir dann auch schrecklich Angst gehabt. Vor den Russen haben wir überhaupt immer so Angst gehabt, da sind uns auch die schaurigsten Geschichten erzählt worden. Wir sind dann aber doch nicht russisch geworden.

Trambahn hat's in München keine mehr gegeben, nur noch die Bockerlbahnen. Drei hat's gegeben: die „Knochenmühle", die „Geisterbahn", das war die nach Schwabing. Weil die durch lauter Ruinen gefahren ist, hat sie „Geisterbahn", geheißen. Und dann den „rasenden Gauleiter". „Der rasende Gauleiter" war, glaub ich der, der vom Ostbahnhof abgefahren ist, mit dem meine Tochter und ich einmal in die Karlstraß gefahren sind. Da haben wir länger gebraucht, als wenn wir zu Fuß gangen wären. Wir haben zwei Stund gebraucht, zum Gehen hätten wir höchstens eine gebraucht.

Da sind so Gleise gelegt gewesen, das war eine Schmalspurbahn, die ist zum Teil oben, auf den Schutthaufen gefahren. Da war ein kleines Lokomotiverl dran und so offene Wagen, so Art Loren. Das waren eigentlich bloß Holzkisten, aus Brettl zusammengemacht. Da war überall ein Schild dran: „Fahren auf eigene Gefahr!" Da ist man gefahren. Zahlen hat man nix brauchen.

XIV. MODISCHE ELEGANZ AUS BETTBEZÜGEN – SCHMALZNUDEL IM BRUSTBEUTEL UND WIEDER HOPFENZUPFEN UND LÄUS

Ein paar Wochen nach Kriegsende wollten wir nach Darching, unsere Sachen holen. Wir haben die Pelzmäntel draußen gehabt, also meinen Fohlenmantel, den Kaninchenmantel vom Kind und einen pelzgefütterten Mantel von meinem Schwiegervater, auch Schmuck, Geschirr, Papiere und ich weiß nicht was noch alles.

Wenn man weiter fort wollt als zehn Kilometer im Umkreis von München, hat man eine Genehmigung gebraucht. Da hat man in die Stadt müssen, ich glaub in die Ettstraß, das könnt ich jetzt nicht mehr sicher sagen. Und da sind die Leute tagelang angestanden. Da haben sich die Familienmitglieder gegenseitig abgelöst. Da sind's gleich vierundzwanzig Stunden angestanden, bis sie drankommmen sind.

Na hab ich gesagt: „Das fällt mit gar nicht ein. Fahren wir so, wird schon gut gehen!"

Das heißt, wir wollten zu Fuß gehen, die fünfunddreißig Kilometer nach Darching, weil Züge oder sowas hat's ja nicht geben. Eine Bekannte von der Huber Bettl ist auch mitgegangen.

Wir sind auf der Autobahn gegangen, weil das der kürzeste Weg war. Damals hat man ja auf der Autobahn gehen können.

Da sind wir eine Zeitlang gegangen, bis Deisenhofen ungefähr. Ich hab mit schon denkt: „Um Gottes Willen!" Erstens ist es doch entsetzlich langweilig auf der Autobahn, und dann ist es eine lange Strecke, und wir waren doch auch unterernährt.

Dabei haben wir dann ein Milchauto gesehen, das hat zufällig da gehalten. Da haben wir dann ersucht, ob wir mitfahren dürfen. Das war so ein Lastauto mit einer Plane hinten, und da sind wir nauf. Da waren schon ein Haufen Leut.

Wir haben immer gezittert, daß wir kontrolliert werden. Und dann ist wirklich eine Kontrolle gekommen. Wir sind ganz vorn gesessen, ich hab die Füß über die Rampe nunterhängen lassen.

Dann haben die Amis gerufen: „Ausweis! Ausweis!“ Und ich hab auch gleich hinter geschrien: „Ausweis! Ausweis!“, und hab den Leuten hinten die Erlaubnisscheine abgenommen und hab sie nach vorn gelangt und den Amis geben. Dabei haben sie gar nicht gespannt, daß ich selber gar keinen Schein hab, und meine Tochter auch nicht. Meine Tochter hat's auch gleich kapiert und auch immer fest die Ausweise nach vorn gereicht. Daß ich damals so schnell geschaltet hab, wundert mich heut noch. Auf die Art sind wir dann nach Darching kommen.

In Darching haben wir festgestellt, daß uns so viel gestohlen worden ist. Der ganze Schmuck und meine Armbanduhr waren weg.

Wie wir in das Zimmer nei sind, wo unsere Sachen waren, sind die Amis im Bett drin gelegen und haben geschaut. Ich mach den Kleiderschrank auf, dann hängt da gleich vorn dran meiner Tochter ihre BDM-Uniform. Die hat damals die Susi meiner Tochter zur Firmung geschenkt gehabt, die war ihre Patin. Die Amis haben sich aber gar nicht drum gekümmert, denen war das wurscht. Die waren recht freundlich. Aber sie sind mitsamt den Stiefeln im Bett gelegen.

Die Sachen haben auch nicht die Amis gestohlen, sondern eine Flüchtlingsfamilie, die dort war. Die haben Uhren gestohlen, habens getauscht gegen Fahrradl und sind damit heimgefahren nach Münster. Die Pelzmäntel hat die alte Schusterin vergraben gehabt, die haben wir wiedergekriegt. Das andere – wenn ich's in München gelassen hätt, hätt ich's noch.

Das war eine harte Zeit nach dem Krieg. Wir haben nix zum Anziehen gehabt. Aus zwei, drei alte Kleidl hat man ein neues gemacht. Aus einem Leintuch hab ich meiner Tochter eine Buschjacke gemacht, die waren damals so in Mode, weil alle Leute die Bettücher zusammengeschnitten haben. Eine Buschjacke und vielleicht aus dem selben Stoff ein Faltenröckerl dazu; das war der Gipfel der Eleganz. Aus den karierten Bettbezügen hat man Dirndl gemacht und Kleidl aus Vorhängen. Manche Leute haben Mullbinden gesammelt und Pullover draus gestrickt.

Aber mit den Schuhen war's eine Katastrophe! Da hat man nichts mehr gehabt. Holzschuhe hat's gegeben, und für die hat man zeitweise noch eine Bestätigung gebraucht, daß man arbeitet.

Wie dann der Winter kommen ist, haben wir nichts zum Heizen gehabt. Wir sind, wenn das Kind nicht in die Schul und ich nicht in die Arbeit müssen hab, fast den ganzen Tag im Bett gelegen, weil's da wenigstens warm war. Wir haben gelesen, was an Büchern da war von dem Bruder von meinem Mann. Die ganzen Dramen von Schiller haben wir im Bett gelesen: „Die Jungfrau von Orleans“ und „Wilhelm Tell“, alles mit verteilten Rollen. Das war im Winter so kalt, daß das Eis an der Wand war und unter den Fensterrahmen dicke Eiszapfen. In der Wohnung ist alles eingefroren. Wir haben vor dem Aufstehen die Wäsch und die Kleider unter der Bettdecke vorgewärmt, bevor wirs angezogen haben. Angezogen haben wir uns auch unter der Bettdecke.

Wie die Schul wieder angegangen ist in München, hat meine Tochter auch noch Heizmaterial mit in die Schul bringen müssen. Die Dampfheizung ist nicht mehr gegangen. Da war im Schulzimmer ein Ofen, das Rohr zum Fenster naus, und die Kinder haben das Heizmaterial mitbringen müssen. Die sind mit Mänteln in der Schule gesessen und haben zwischen den Stunden immer Gymnastik gemacht, damit sie nicht so frieren.

Ich bin dann den Sommer drauf immer mit der Trambahn nach Grünwald gefahren und hab Holz geholt im Rucksack. Dürre Bäum hat man umschneiden dürfen, bis zu fünf Zentimeter Dicke, glaub ich. Man hat sich in der Försterei eine Genehmigung holen müssen. Es waren aber keine dürren Bäum mehr da. Es ist auch nichts mehr rumgelegen im Wald, kein Steckerl, nichts, der war wie aufgeschleckt! Dann haben wir heimlich grüne Bäum umgesägt, wir haben doch was gebraucht! Die waren aber pritschnaß, die haben nicht gebrannt, die haben gekocht. Die haben wir erst oben auf die Herdplatte gelegt zum Vortrocknen. Das hat immer mehr gequalmt als gebrannt.

Und Hunger gelitten haben wir! Manche Leute haben von Amerika Care-Pakete gekriegt oder aus der Schweiz. Aber wir nicht. Wir haben niemand gekannt. Nicht einmal Verwandte am Land haben wir gehabt. Meine Tochter ist mehrmals am Tag umgefallen, weil sie so unterernährt war.

Und drüben beim Kloster hat's nach Schmalznudeln gerochen! Na ja, meiner Tochter habens hin und wieder ein bißl was geschenkt, weil sie da früher im Kindergarten gewesen war, und die Schwester hats gern mögen, die hat ihr dann machmal eine Kleinigkeit zugesteckt. Die Klöster haben gut gelebt, die haben keinen Hunger gelitten.

Wir haben in der Woche 62,5 g Fett bekommen. Und da weiß ich noch, da bin ich einmal hergegangen und hab Kartoffelnudeln gemacht, von der ganzen Wochenration Fett. Hab ich gesagt: „Das ist mir jetzt alles wurscht! Ich möcht mich ein einziges Mal wieder richtig satt essen!“ Das haben wir dann gemacht. Und geschmeckt hat's uns! Und die ganze Woche haben wir denn kein Fett mehr gehabt. Da haben wir immer Kartoffelgemüse gemacht, einen Tag saures und den andern Tag Petersilgemüs, ohne ein Gramm Fett, mei, war das gräuslich!

Ich hab dann einmal bei den Amis gearbeitet im Hofbräukeller. Ich hab Geschirr gewaschen. Da haben wir Chips gebacken in schwimmendem Schmalz, das ist nachher alles in den Gully hinuntergegossen worden. Und wir haben nix gehabt, gar nix! Drei Donats hat man mitnehmen dürfen, das war so ein Schmalzgebäck. Man ist durchsucht worden beim Rausgehen, manchmal richtig mit Leibesvisitation. Ich hab mir ein kleines Beuterl genäht gehabt, da hab ich dann 1 Donats oder ein bisserl hart gewordene Schokoladglasur am Busen versteckt. Meine Tochter hat daheim schon immer sehnsüchtig gewartet und hat das dann gleich aufgegessen. Obwohl ich da immer erst um elf Uhr nachts heimkommen bin, die hat nicht schlafen können vorher. Die Amis haben uns aber – wie soll ich sagen? – sehr wegwerfend behandelt. Ich war nicht lang da, ich glaub sechs Wochen. Die haben ständig das Personal gewechselt.

Wenn die Amis von einem Standort abgezogen sind und wo anders Quartier genommen haben, dann haben sie die Lebensmittel nicht mitgenommen, sondern sie habens in Müllgruben geworfen, Benzin drüber geschüttet und angezündet. Aber manchmal ist nicht alles verbrannt, da waren ganze Konserven dabei, die hat man sich dann geholt.

Dann ist in München Typhus ausgebrochen und dann haben wir plötzlich amerikanische Trockenmilch und Trockenei gekriegt. Bis dahin haben wir nichts gekriegt, dann, weils Angst gehabt haben, ihre eigenen Leut könnten auch krank werden, dann habens uns das schnell zugeteilt. Da waren wir recht froh drum. Von der Trockenmilch haben wir sogar Eis gemacht. Da hat man einen kleinen Topf in einen großen gestellt, rundherum Eisstückchen getan, das heißt immer eine Schicht Eis und eine Schicht Salz. In den kleinen Topf ist die Trockenmilch kommen und Wasser und Zucker oder Sacharin und Vanillepulver. Und dann hat man halt rühren müssen, mit der Hand natürlich, furchtbar viel rühren. Das hat gut geschmeckt.

Damals war man überhaupt erfinderisch. Aus Backhefe haben wir eine falsche Hirnsuppe gemacht. „Die ist gut", haben wir gesagt, „die machen wir später auch noch, wenns wieder alles gibt." Aber wie's dann wieder alles gegeben hat, hat's uns plötzlich doch nicht mehr geschmeckt.

Wir haben immer davon geträumt, was wir kaufen, wenn's wieder alles gibt. Ich hab immer gesagt: „Einen ganzen Kranz Würscht kauf ich mir!" Und meine Tochter wollt einen Zwetschgendatschi, so groß wie ein Bettvorleger.

Wer können hat, hat schwarz gehandelt. Aber ich hab nix gehabt zum Handeln und hab's auch nicht können. In der Möhlstraß, mei ist's da zugangen! Mehl, Butter, Strümpf, Wurst, alles ist gehandelt worden. Es ist auch oft betrogen worden, zum Beispiel war Gips im Sacharin und Sand unterm Zucker, aber man hat ja niemand anzeigen können, weil's verboten war. Ich hab nur meiner Tochter einmal zu Weihnachten ein Paar Nylonstrümpfe kauft, die haben zweihundert Mark gekostet.

Was man irgendwie entbehren hat können, hat man aufs Land gebracht für Lebensmittel. Ich hab die Puppe von meiner Tochter gegen Butter eingetauscht. Das war eine ganz eine alte Gliederpuppe mit Porzellankopf, die war schon aus meiner Kinderzeit. Heut sind die wieder viel wert.

Und die Waschmaschin von meiner Schwiegermutter! Das war natürlich keine solche, wie sie jetzt sind, sondern die war aus Zinkblech, eine Unterfeuerungsmaschine war das. Da war unten ein Behälter, da hat man Feuer machen können. Oben in die Trommel hat man die Wäsch hinein und ein Wasser, und das hat dann gekocht. Dann hat man halt die Trommel mit der Hand umdrehen müssen, aber das war immerhin besser, als mit der Hand waschen. Das haben nicht viele Leut gehabt, aber meine Schwiegermutter halt.

Und da hat dann meine Tante einen Müller gekannt in der Mühldorfer Gegend, der wollt sowas, und da hat sie das Geschäft vermittelt. Da hab ich dann Mehl kriegt dafür. Was meine Tante gekriegt hat, weiß ich nicht, aber die ist sicher auch nicht zu kurz kommen. Und ich war so froh um das Mehl.

Im Herbst 1945 bin ich mit meiner Tochter zum Hopfenzupfen. Da hat man für die vierzehn Tage keine Marken abgeben müssen und hat trotzdem was zum Essen gekriegt. Na ja, Brotsuppe und Kartoffel hat's meistens gegeben. Aber zum Abschied hat's Kartoffelknödel gegeben. Da hat doch meine Tochter so gegessen – also ein Matros hat zwölf gegessen, und sie acht, sie war zweitbeste im Knödelessen, und das waren keine kleinen. Sie hat sich überhaupt immer unbändig aufs Essen gefreut. Gearbeitet hat sie wenig, aber gegessen viel.

Vom Hopfenzupfen hat man so wehe Hände und wehe Arme gekriegt. Heut wird das ja alles mit der Maschin gemacht, aber damals ist man draußen gesessen im Hopfengarten, hat einen Korb vor sich gehabt, und da hineingebrockt. Diese Körb, das hat man Metzen geheißen. Da hat man, wenn man einen abgeliefert hat, eine Marke gekriegt, und die sind dann am Abend abgerechnet worden. Sechs bis sieben Metzen hab ich zusammengebracht, manche haben acht geschafft, mehr nicht. Achtzig Pfennig hat man für den Metzen gekriegt. Fünf Mark sechzig am Tag – das war gut bezahlt. Gearbeitet hat man von in der Früh, also man ist schon bei Dämmerung aufgebrochen und bei der Dämmerung wieder heimgangen. Am Sonntag auch, der hat ja schnell runter müssen, der Hopfen.

Geschlafen haben wir alle auf dem Heuboden, Mandl und Weiberl. Auf d'Nacht, wenn wir heimkommen sind, da sind ein paar Eimer voll Wasser hingestellt worden, und da haben wir uns dann Gesicht und Hände reingewaschen, alle miteinander.

Ich bin das Jahr drauf nochmal zum Hopfenzupfen, aber allein, weil da waren in München schon wieder die Schulen angegangen, da hat meine Tochter in die Schul müssen.

Da war ich aber nicht lang. Ich hätt noch einen anderen Hopfenplatz gekriegt, aber ich bin heim, weil ich Läus kriegt hab.

Nach dem Krieg hat überhaupt alles Läus gehabt. Wenn man da um Gemüse angestanden ist, man hat ja dauernd um was Schlange stehen müssen, da hat man bei den Frauen richtig die Läus laufen sehen.

Fast jeder hat Läus gehabt, und es hat sich eines vor dem anderen nicht geniert. Da wenn man einander besucht hat, hat man gefragt: „Hast du auch soviel Läus?“ Da war eigens eine Entlausungsanstalt in Giesing droben, hinterm Freibad.

Nach dem Hopfenzupfen 1945 bin ich zum Äpfelhamstern. Da sind wir mit einem Güterzug nach Stuttgart gefahren. Da war die Bettl dabei, die Susi, der ihre Freundin, die Resi und der Zwerger Franzl.

Der Zwerger Franzl war ein ehemaliger Sturmbannführer. Das war ein feiger Kerl! Wie der keine Uniform mehr angehabt hat, war er nur noch ein Lappen. Und wehleidig war der! „I verkuit* mi, i verkuit mi!“, hat er immer gejammert. Das war ein Österreicher.

* „ich erkälte mich“

Der ist auch nirgends nei zum Hamstern, nirgends hat er sich hineingetraut weil er ja keine Uniform mehr angehabt hat. Er hat sich bloß einen Ballon Most gehamstert, und den haben wir ihm tragen müssen.

Da haben wir also im Württembergischen Äpfel gehamstert. Mühsam war's, aber da hat man ein paar Pfund gekriegt und dort ein paar Pfund, und so hab ich doch einen guten Zentner heimgebracht.

Wir sind auch wieder mit Güterzügen heimgefahren. Die Äpfel haben wir in Säcken gehabt, jede hat einen Sack gehabt, und da haben wir immer zusammengeholfen, haben einander die Säcke zugereicht beim Ein- und Aussteigen.

Mei, und auf der Fahrt hab ich doch so furchtbar Durchfall gekriegt. Wir haben ja nur von den Äpfeln gelebt, und das hab ich nicht vertragen. Es war schrecklich! Auf der Heimfahrt, in Pasing, hat der Zug gehalten, wir haben aber nicht gewußt wie lang. Klo hat's da keines gegeben. Vis-a-vis ist ein anderer Zug gestanden.

Ich hab's nimmer ausgehalten. Ich bin raus und hab mich zwischen zwei Wagen von dem anderen Zug gesetzt. Mir war schon alles wurscht, ich hab mir denkt: Und wenn der jetzt losfahrt, ich kann nicht mehr!

Die Bettl und die Resi haben mir vom anderen Zug aus zugeschaut und haben sich halb kaputt gelacht. Aber es ist gut gangen, es ist keiner von den Zügen losgefahren.

Wir sind dann glücklich zum Ostbahnhof kommen, und ich hab von daheim das Leiterwagerl geholt, während die anderen aufgepaßt haben, und da haben wir's dann jedem heimgefahren.

Meine Kleine war so froh, wie ich kommen bin, die hat gar nicht gewußt, wo ich steck. Zwei Nächte war ich aus. Eine Nacht haben wir in Stuttgart geschlafen in der Jugendherberge, und eine Nacht haben wir in Augsburg in einer Unterführung zugebracht. Das war eine schlimme Nacht! Aber wir haben ja nirgends hinkönnen, mit den schweren Säcken haben wir nicht laufen können, und weggehen haben wir doch auch nicht können von den Äpfeln, sonst wären sie uns ja gestohlen worden.

Meine Tochter hat sich nachher in die Schul alle Tag einen Apfel mitgenommen. Da ist sie aber direkt angefeindet worden in ihrer Klaß, weil's ja kein Obst mehr gegeben hat.

Wie die ersten Personenzüg wieder gegangen sind, die waren so überfüllt. Wir sind einmal auf dem Trittbrett gefahren, von Darching heim. Da hat es noch die ganz alten Coupéewagen gegeben, wo jedes Abteil ein eigenes Türl zum Einsteigen hat, und den ganzen Wagen lang sind lange Trittbretter gewesen. Da sind wir drauf gestanden und haben uns am Türgriff festgehalten. Ich hab später noch einen Platz gekriegt, aber meine Tochter ist die ganze Strecke draußen gestanden. Dann war sie am nächsten Tag so heiser, daß sie keinen Ton mehr herausgebracht hat.

Manche sind auch auf den Dächern gesessen, bei den Fenstern ist man ein- und ausgestiegen, wenn's nicht anders gegangen ist, und ins Klo hat man fast nie können, weil da immer einer drin gesessen ist.

XV. DIE UNTERMIETERINNEN – KOSCHERKÖCHIN MIT VIER BUSEN – DA IST DER WURM DRIN

Unsere Wohnung hat bös ausgeschaut. Statt Fensterscheiben haben wir Pappendeckel gehabt, nur ein paar ganz kleine Gucklöcher aus Kunstglas, damit man gesehen hat, ob's draußen Tag oder Nacht ist. Tür- und Fensterstöcke sind schief dringehängt, der Plafond war großenteils runtergebrochen und die Mauern haben Risse gehabt. Wir haben aber trotzdem vermieten müssen, weil das ja vier Zimmer waren und eine Küch.

1945 ist die Anita eingezogen und ein Jahr später noch die Maria. Zwei Zimmer und die Küch hab ich vermietet. Wir haben noch zwei Räume gehabt. Davon hab ich einen als Wohnküche eingerichtet und einen als Schlafzimmer.

Wasser haben wir aber keines gehabt in der Küche, da haben wir zur Anita in die Küch müssen, die Maria auch, das war so ausgemacht. Wir haben halt das Wasser immer im Eimer hin- und hergetragen.

Die Anita war verheiratet. Das war eine Kriegstrauung gewesen, die haben überhaupt nie zusammengelebt. Sie war noch sehr jung die Anita, ich glaub, einundzwanzig.

Die ersten Monate nach Kriegsende hat sie auch nix gewußt von ihrem Mann. Dann hat sie die Nachricht gekriegt, daß er gefallen ist. „Ganz sicher weiß ich's aber noch nicht", hat sie gesagt. Ein paar Tag später ist sie dann reingekommen zu mir, hat gelacht und hat gesagt: „Frau Praun, jetzt hab ich die Sicherheit, daß er tot ist." Und da hat sie sich ein kleines schwarzes Samtschleiferl in ihre blonden Haar gesteckt gehabt, das hat recht hübsch ausgesehen. Die war recht froh, daß sie ihn los gehabt hat.

Die Anita hat unbeschreiblich schwarz-gehandelt. Zuerst hat sie einen Ami gehabt und später einen Deutschen, den Gerhard. Das war ein richtiger Schieber. Sie sind später auch alle zwei einmal eingesperrt worden, sie nur kurz, er ein bißl länger.

Die Anita hat so gefressen, daß sie ins Dampfbad hat gehen müssen zum

Abnehmen. Uns hat sie nix geben. Und die Maria ist auch mitgangen ins Dampfbad. Die war aus Niederbayern und hat von daheim immer Freßpakete gekriegt. Uns habens alle zwei nichts abgetreten. Und wir haben gehungert wie nicht gescheit.

Ich hab dann wieder eine Arbeit gesucht, daß ich ein bisserl was verdien, weil man ja keine Unterstützung gehabt hat. Das hat lang gedauert, bis ich eine Rente von meinem Mann gekriegt hab.

Und der Blumberger, der Hausmeister, der wollt mich doch immer aus der Wohnung beißen. In dem Moment, wo der gewußt hat, ich hab keinen Mann mehr, hat mich der schikaniert bis aufs Blut. Er und seine Rosa haben immer gehofft, daß ich die Miete nimmer zahlen kann. Da hab ich dann grad einmal meinen Lohn gekriegt gehabt, dann hab ich meine Tochter mit einem Hundertmarkschein zum Mietezahlen geschickt. Sechsundsechzig Mark hat die Miete damals gekostet. Dann ist sie also nauf mit dem Hunderter. Dann hat die Rosa gleich gesagt: „Was, ihr habt so viel Geld?", dabei hat's hinten und vorne nicht gelangt, aber ich hab von da an immer – also wenn ich keinen Hunderter gehabt hab, hab ich's umtauschen lassen – ich hab von da an die Miete nur noch mit einem Hunderter zahlt, damit es ihnen recht stinkt.

1946 hab ich dann beim Tissot angefangen, da haben wir Heilerde abgepackt. Die hat er in Berg-am-Laim ausgegraben. Lehmerde war das, und da hat der so einen großen Ofen gehabt, da hat man lauter Bleche hineingeschoben, ein Blech übers andere, jedes mit Erde drauf. Und wenn die einen bestimmten Grad Hitze erreicht haben, dann haben wir sie raustun und in Packerl abfüllen müssen, und so ist's dann verkauft worden.

Die haben auch einen schwachsinnigen Buben gehabt, beim Tissot. Der hat die Heilerde erhitzen müssen. Medizin hat's ja auch nicht geben, da haben die Leute halt Heilerde genommen für alles, innerlich und äußerlich. Das war ein großes Geschäft. Der Schwachsinnige war aber immer rotzig. Dem ist immer der Rotz runtergelaufen und in die Heilerde hinein.

Ab und zu ist eine Kontrolle gekommen. Aber der Ofen war vorschriftsmäßig und den rotzigen Buben hat er halt versteckt. Zu essen hats bei der Arbeit nichts gegeben.

Wie wir schon fast am Verhungern waren, ist einmal der Bettl ihre Tochter gekommen und hat gesagt: „Ich hätt eine Arbeit für dich. Eine schöne Arbeit ist's nicht, aber man kriegt halt was zum Essen." Hab ich gesagt: „Das ist mir egal, was für Arbeit das ist, wenn's nur was zum Essen gibt." Hat sie gesagt: „Ja, putzen im jüdischen Krankenhaus."

Dann hab ich mich gleich vorgestellt. Dann haben die mich so angeschaut und haben gesagt: „Ja glauben Sie, daß Sie das überhaupt machen können?" Hab ich gesagt: „Ja, ja, das ist das Wenigste, das kann ich schon."

Am ersten Tag, das weiß ich noch so gut, hat's gleich grüne Erbsen gegeben. Da hab ich welche heimgebracht. Die hab ich durch die Fleischmaschin getrieben und ein kleines Mehlteigerl hingemacht. Mei, war das ein Essen! Gottvoll!

Es ist uns dann allmählich besser gegangen.

Um die Zeit hat meine Tochter dann auch Krankenmarken gekriegt, weil der Arzt festgestellt hat, daß sie so stark blutarm ist. Einen Viertel Liter Milch am Tag, ein bißl einen Butter und ein bißl Nährmittel hat sie gekriegt. Und Leberspritzen hat sie gekriegt, alle hinten hinein, daß sie nicht mehr hat sitzen können. Aber es hat ihr gut getan.

Die Frau Priewasser, das war die Frau von einem Kameraden von meinem Mann, der auch vermißt war, hat uns zu Weihnachten ein Kaninchen geschickt. Von da an ist's aufwärts gegangen. Dann ist auch meine Tochter nicht mehr ohnmächtig geworden.

Vorher hab ich mir immer Vorwürf gemacht, wenn ich was gegessen hab. Ich hab mir immer gedacht, ich müßt noch weniger essen und es ihr geben. Aber dann hab ich mir denkt: dann leb ich halt nicht weiter, wenn ich gar nix ess, und dann hat sie auch nix davon.

Im Krankenhaus hab ich dann später das Bad gekriegt, bin ich Badefrau geworden. Und da war eine Jüdin, die hat die koschere Küch geführt für die Juden. Und die hat immer nur im Ärztebad baden wollen. Da waren die Bäder eingeteilt: eines für die Angestellten, eines fürs Personal, das größte und schönste für die Ärzte, und die anderen Bäder für die Patienten.

Im Ärztebad hat niemand anderer baden dürfen. Aber die Koscherköchin hat nirgends anders baden wollen. Jetzt war ich in größten Schwierigkeiten. Ich hab's ihr nicht erlaubt. Dann haben die anderen in der Küch gesagt: „Mei, Frau Praun, sind Sie blöd, Sie kriegen doch was zum Essen dafür! Wenn ein Arzt kommt, dann sagens einfach, da ist der Dr. Soundso drin!" Ich hab furchtbar Angst gehabt, aber weils alle immer wieder gesagt haben, ich soll nicht so dumm sein, hab ich's ihr schließlich erlaubt.

Die war aber so fett! Die hat so eine Corsage gehabt, sowas hat's bei uns damals noch gar nicht gegeben, die hat alles von Amerika gekriegt, und die ist mit Reißverschluß zugemacht worden. Und da haben wir immer zu zweit arbeiten müssen: sie hat den Bauch und den Hintern neigedruckt, und ich hab den Reißverschluß immer ein bisserl zogen, immer wieder ein Stückerl, bis er heroben war. Und oben, unter den Armen, hat's dann das Fleisch rausgedrückt. Ich hab zu den anderen im Speisesaal einmal gesagt: „Die Koscherköchin hat vier Busen: vorn zwei, und unter jedem Arm nochmal einen."

Die haben alle so viel gelacht. Dann haben sie gesagt: „Frau Praun, das möchten wir einmal sehen. Wenn sie wieder badet, müssen Sie es uns sagen!" Dann hab ich gesagt: „Ja ihr seid gut, wie soll ich euch denn das zeigen, das geht doch nicht!" „Ja, wir gehen ins Bad nebenan." Das war das Personalbad, und die Wände sind nicht bis oben hinauf gegangen, da war oben noch ein Stückerl frei.

Und dann hab ich's ihnen einmal gesagt: „Jetzt badet die Koscherköchin". Und dann sind sie gekommen, zwei Putzfrauen warens, sind ins Personalbad und auf die Wanne naufklettert. Und wie ich die Koscherköchin angezogen hab, fangen die 's Lachen an. „Da ist jemand, da ist jemand!", hat die Koscherköchin gesagt. Hab ich gesagt: „Nein, nein, wer soll denn da sein? Sie können rausschauen, es ist kein Mensch da!" Sie hat gemeint im Gang ist jemand, und da wenn ichs rausschauen lassen hätt, hätts ja auch niemand gesehn. „Ist auch wirklich niemand da?", „Nein, nein, Sie brauchen keine Angst haben, vielleicht hat das Wasser so gegurgelt."

Und dann haben sich die anderen heimlich nausgeschlichen, weil sie's nimmer ausgehalten haben vor Lachen. Und hernach im Speisesaal habens dann gesagt: „Das ist wirklich wahr, die Koscherköchin hat vier Busen." Ich hab einen Schoklad und Donats gekriegt, alles Mögliche.

Einmal ist mir ein Jud nach, und das war noch dazu einer mit Lues, solche haben wir auch gehabt. Rennt der auf einmal nackert aus dem Bad raus und will mich umarmen. Ich hab geschrien, was ich können hab und bin in den Gang naus gerannt. Der ist mir bis zur Gangtür nach, dann ist er wieder rein in sein Bad, weils von der Küch und vom Nähzimmer überall gleich rausgerannt sind. Und dann ist der Baron Knobloch dazu kommen. Der hat dann den anderen recht zusammengeschimpft und hat's der Verwaltung gemeldet.

Der Baron Knobloch war auch ein Jud. Den habens im KZ so zugerichtet, der hat eine unheilbare Hautkrankheit gehabt, dem ist die Haut in Schuppen abgefallen. Wenn der gebadet hat und sich abgetrocknet, dann war nachher der ganze Boden voll Schuppen. Das war ein sehr feiner Mann. Der war mit einer Deutschen verheiratet. Die hat sich nicht von ihm scheiden lassen, wie er im KZ war. Er hat gesagt, er vergißt's ihr nie, daß sie so zu ihm gehalten hat.

Einer ist immer gekommen mit einer Aktenmappe und hat gesagt, wenn ich mich mit ihm abgeb, schenkt er mir was zum Essen, und er hat's mir gezeigt in der Aktenmappe: ein Geräuchertes und einen Schoklad, alles Mögliche, ein herrliches Essen! Und wir haben Hunger gehabt! Ich hab immer gesagt: „Nein nein, kommt gar nicht in Frage." Er hat nicht nachgegeben. Das ist lang gegangen. Dann hab ich einmal gesagt: „Ich hab halt ein Kind und das hat so Hunger – also gut, nach Pfingsten könnens kommen."

Eine Angst hab ich gehabt! Ich hab mir gedacht, ich weiß nicht, was ich mit dem anfang. Ich war ganz krank.

Wir haben an Pfingsten eine Floßfahrt mitgemacht von Tölz nach München. Und da ist mir so schlecht geworden. Ich hab die ganze Zeit nur an das denken müssen. Ich hab keine Ruhe mehr gehabt.

Dann, wie ich am Dienstag nach Pfingsten wieder zu arbeiten angefangen hab, war er prompt wieder da mit der Aktenmappe. Aber ich hab gesagt: „Nein, nehmens Ihr Zeug und gehns, ich kann nicht!" Er war schon sehr enttäuscht, aber er hat mich dann in Ruh gelassen.

Ich hab mir manchmal Vorwürfe gemacht, ich hätt es tun sollen für mein Kind. Es habens auch viele Mütter getan, damits was zum Essen für ihre Kinder herkriegen. Er hat auch gesagt gehabt, er tät uns dauernd unterstützen. Aber ich hab's nicht können, ich hab's einfach nicht können.

Wie das Krankenhaus ganz unter jüdische Verwaltung gekommen ist, da ist auf einmal das Essen so schlecht geworden. Vorher war's nicht so. Da sind aus Amerika Teigwaren gekommen, Makkaroni. Und da war in jeder Makkaroni ein dicker, weißer Wurm drin. Da wenns im Keller das Magazin aufgemacht haben, dann sind einem die Würmer schon entgegen. Und da waren so dicke Säulen, die das Kellergewölbe getragen haben, da sind die Würmer an den Säulen naufgeklettert.

Mei, diese Teigwaren! Ich hab sie nicht essen können. Aber eine haben wir gehabt, die Frau Unterobermeier oder so ähnlich hat sie geheißen, die ist einmal her – da haben wir auch wieder so schöne Nudeln gehabt mit Würmer drin – und hat gesagt: „Das ist mir jetzt alles wurscht, ich hab Hunger!" Und die hat jede Makkaroni auseinandergenommen, hat den

Wurm auf die Seite gelegt und hats gegessen.

Wir haben schon längst wieder gearbeitet, und die ist immer noch nicht zur Arbeit erschienen. Dann hat die Oberin gesagt: „Ja, was ist denn mit der Frau?“ Dann hab ich gesagt: „Ja, die sitzt unten und tut aus jeder Nudel den Wurm raus.“ Das hab ich absichtlich gesagt, gell, weil ich mir gedacht hab: „die soll's nur wissen.“

Dann ist sie nuntergegangen zu der Frau und hat gesagt: „Ja, was tun Sie denn da?“ Dann hat die in aller Seelenruhe weiter ihre Nudeln geschlitzt und hat gesagt: „Ja mei, Frau Oberin, wenn ich arbeiten muß, brauch ich eine Kraft, da muß ich essen. Mit Würmern kann ich die Nudeln nicht essen, also muß ich jede aufmachen und die Würmer rausklauben, damit ich satt werd.“

Die Oberin ist gegangen, die hats ruhig weiter essen lassen.

Wir haben uns dann beim Auerbach beschwert, das war damals der Oberste vom Krankenhaus, und der hat dann gesagt: „Ja, das seh ich ein, das geht nicht, ihr müßt ordentliches Essen kriegen.“

Damals hat sich eigentlich keiner um uns deutsche Angestellte gekümmert, nicht einmal die Deutschen richtig. Er war der einzige. Er hat auch gesorgt, daß das ganze Personal Schuh kriegt.

Ich hab doch überhaupt keine Schuh mehr gehabt. Ich hab nimmer gewußt, mit was ich laufen soll. Und da hat der Auerbach für uns alle, sowohl für die Angestellten in der Verwaltung als wie für die Putzerinnen, für die Pfleger und die Hausdiener, für alle hat er Bezugscheine für Schuhe besorgt. Und er hat gesagt, wir dürfen uns Schuh kaufen, wie wirs wollen, wir sollen ihm hernach die Rechnung bringen.

Und da hab ich mir so hübsche braune Schuh kauft! Ich weiß jetzt nicht mehr, warens Pumps oder Spangenschuh, auf alle Fälle für damalige Verhältnisse ungewöhnlich hübsche Schuh. Und dann hat er die Rechnung auch noch bezahlt. „Meine Auerbach-Schucherln“ hab ich immer gesagt. Das vergeß ich nie.

Und derweil ist aber dann irgendwas gewesen, er muß Entschädigungsgelder für die Juden unterschlagen haben, also so Wiedergutmachungsgelder hat er veruntreut. Das ist aufgekommen, und dann hat er sich umgebracht.

Mei, der hat mir leid getan! Der tut mir heut noch leid, weil er halt menschlich zu uns war in der damaligen Zeit, wo die Juden doch so einen Haß auf uns Deutsche gehabt haben.

Die sind hergangen, wie ich's Bad gehabt hab, und haben mit Absicht neben die Wanne hingeschifft, damit ich's wieder hab aufputzen müssen. Ich hab dann den Schrubber genommen, hab den Putzlumpen darum gewickelt, eingetaucht und dann in der Badewanne immer wieder Wasser drüber laufen lassen. Ich hab mir gedacht: wenn das schon so Säu sind – du mußt ja nicht drin baden!

In der Halle vom Krankenhaus, in der großen Eingangshalle, da haben sie sich an die Dampfheizung hingestellt und haben hingeschifft. Die haben alles derartig versaut, und alles aus Haß, aus purem Haß!

Freilich, daß sie einen Haß auf die Deutschen gehabt haben, kann man auch wieder verstehen.

Das Krankenhaus war für Opfer des Faschismus, aber es waren fast nur Juden drin, kaum andere. Die Juden haben die anderen auch nicht mögen, obwohls doch auch Naziopfer waren.

Einen haben wir im Krankenhaus gehabt ohne Füße. Das war kein Jud, das war ein Kommunist. Den habens im KZ irgendwo hingehängt gehabt, an den Händen habens ihn aufgehängt, im Winter, nackt. Nur so hohe Stiefel hat er angehabt. Und da habens ihm – also die Deutschen – habens ihm in die Stiefel neigeschifft. Das ist dann natürlich gefroren. Dann habens ihn später wieder runtergetan, aber die Füße, die waren abgefroren. Der war für sein ganzes Leben ein Krüppel.

Die deutschen und die polnischen Juden haben sich auch nicht leiden können. Bei den polnischen Juden – da waren halt welche dabei – also: Da hat zum Beispiel einmal einer Zwetschgen gekauft und hats in die Kloschüssel nei und drin gewaschen. Dann kommt er zufällig an den Drücker hin und dann sind ihm die ganzen Zwetschgen davon. Dann ist er in die Verwaltung gegangen und hat gesagt, das ist eine Bosheit, das hat man ihm mit Fleiß getan. Der hat nicht gewußt, wozu so ein Klo gehört, der hat pfeilgrad seine Zwetschgen drin gewaschen.

Wir haben Ordensschwestern im Krankenhaus gehabt zur Pflege, Barmherzige Schwestern. Die haben mit Medikamenten geschoben. Ich weiß nicht mehr, wie die eine Schwester geheißen hat, der hab ich eines Tages was holen müssen zu einer Penicillin-Spritze, eine Penicillin-Ampulle, das war damals ganz was Kostbares. Und die hab ich ihr gebracht. Sie hat grad mit einer Frau verhandelt, und da hab ich was mitgekriegt. Dann ist's mir auf einmal gedämmert, da hab ich gedacht: „Ja um Gottes Willen, die schachert ja damit!" Da hab ich mit einer anderen vom Personal geredet, dann hat die gesagt: „Ja, ja, Frau Praun, das ist wahr, da täuschen Sie sich nicht, die schachert wirklich damit. Die sagt, das gehört für den und den Patienten, und das wär auch für den Patienten, aber sie verkaufts dann nach draußen, daß sie Lebensmittel kriegt."

Nachmittags ist in der Küch immer Bohnenkaffee für die Schwestern gekocht worden. Bohnenkaffee riecht man doch so stark. Den habens dann ins Magazin neigetragen, dann ist noch eine Schwester kommen mit einem Korb, der war fest zugedeckt, und da hat man Schmalznudeln gerochen. Und da ist dann eine Schwester nach der anderen im Magazin verschwunden und hat dort heimlich Brotzeit gemacht. Eine jede hat aufgesperrt und hinter sich wieder fest zugesperrt. Und wir haben gehungert wie die Affen.

Die Oberin ist mir dann einmal auf der Treppe begegnet und wollt mit mir reden. Und die Schwestern haben das, scheint's, so im Griff: sie erwischt mich zufällig am Puls und sagt zu mir: „Sie sind krank." Dann hab ich gesagt: „Nein, ich bin nicht krank." „Jawohl", hats gesagt, „Sie sind krank, ich merk's doch an Ihrem Puls." „Nein", hab ich gesagt, „ich bin bestimmt nicht krank." Ich war auch überzeugt, daß ich nicht krank bin. Aber sie hat nochmal gesagt: „Doch, Sie sind krank." Von der Stund an hat sie mich nimmer leiden können.

Ich hab dann tatsächlich bald drauf meinen ersten Herzanfall gekriegt im Krankenhaus. Mei, in dem Bad – heut habens ja Klimaanlagen und alles – aber damals, da war nix. Wenn da alle Bäder in Betrieb waren, das war so ein Dampf, da hab ich buchstäblich nur einen halben Meter weit gesehen.

Damals war der Dr. Maier Betriebsarzt. Das war ein Netter, der Dr. Maier. Der hat mich einmal heimbegleitet, und da hab ich die Taschen voller Matzen gehabt, da haben wir Semmelknödel davon gemacht, da hat mir der Dr. Maier die Taschen getragen, weil ich mich so gewundert hab: er Arzt und ich als Putzfrau! Dann hat er mich bis an die Haustür begleitet. Und da haben wir doch noch keine Fenster gehabt, nur Pappendeckel. Dann hat er gesagt: „Ja um Gottes Willen, das ist ja ganz finster, könnens denn keine Fenster machen lassen?" Sag ich: „Welcher Glaser macht einem schon welche für Geld, und sonst hab ich nix." Dann hat er gesagt: „Da schauns her, da habens eine Schachtel Zigaretten, werdens sehen, jetzt kriegens Fenster."

Dann bin ich gleich nauf zum Bertl, dem Glasmaler, der bei uns im Haus gewohnt hat, und dann hab ich tatsächlich Fenster gekriegt.

XVI. DIE WÄHRUNGSREFORM – DAS DU DER SCHWIEGERMUTTER – HORCHEN AUF DAS KLAPPERN VON HOLZSCHUHEN

Wie dann 1948 die Währungsreform war, waren plötzlich alle Läden voll, mit einem Schlag! Sachen hat es da gegeben: Stoffe, Geschirr, Schokolade. Plötzlich war alles wieder da. Die Geschäftsleut haben halt alles gehortet, bis das Geld wieder was wert ist. Drum sind manche Leute auch wieder so schnell reich geworden.

Vierzig Mark Kopfgeld hat jeder gekriegt. „Jeder hat gleich angefangen“, hat es geheißen, ist sogar in der Zeitung gestanden. Bloß, daß die einen einen Haufen Sachwerte gehabt haben und die andern nix.

Die paar Notscherl, die man auf der Sparkasse gehabt hat, sind einem auch noch genommen worden. Für die vierzig Mark hat man 400 alte Mark zahlen müssen. Wer mehr gehabt hat, hats später gekriegt, abgewertet zehn zu eins, aber immerhin. Wie haben gar nix gekriegt.

Meine Schwiegermutter war nach dem Krieg immer noch in Kösching in dem Heim. Wie wir sie einmal besucht haben, hab ich ihr einen Zopf gebacken, damit wir ihr was mitbringen können. Da hab ich den allerletzten Zucker reingetan, den wir gehabt haben. Das war nach Kriegsende, wo wir überhaupt keine Marken gekriegt haben. Da hat es lang keinen Zucker gegeben, ich glaub erst wieder nach der Währungsreform.

Da haben wir ihr also den Zopf gebacken und gebracht. Dann hat sie ihn hingeschmissen und gesagt: „Ach was, an Zopf! Ich hätt Haferflockeplätzle wolle!“

Haferflockenplätzerl! Da hätt man ja Butter braucht, wo hätt ich denn den hernehmen sollen? Und noch viel mehr Zucker! Das hat man doch alles nicht gehabt. Und sie hat das Kalbfleisch im Nachtkastlschubladerl liegen gehabt.

Daß ich ihr den Zopf nicht wieder weggenommen hab, reut mich heut noch.

Wir haben dort von der Schwester so eine gute Suppe gekriegt. Und dabei hab ichs nicht vertragen. Da bin ich furchtbar krank geworden. Ich bin am Bahnhof gestanden und hab gespuckt und geschissen. Ich bin dann im Zug gleich am Abort stehen geblieben, ich bin gar nicht mehr weg davon. Das gute Essen hab ich nicht mehr vertragen.

Meine Schwiegermutter wollt dann wieder zurück nach München. Da bin ich vom Wohnungsamt vorgeladen worden. Sie hat an das Wohnungsamt geschrieben gehabt, an den Bürgermeister, an unseren Hausmeister, und, ich weiß nicht, an wen noch alles.

Dann bin ich vorgeladen worden, ich soll sie wieder nehmen, die Wohnung ist doch da. Die haben mich so geplagt. Ich hab gesagt: „Nein, ich nehm sie nicht, kommt gar nicht in Frage." Dann haben sie mich gedrängt, ich muß sie unbedingt nehmen. Dann hab ich gesagt: „Also gut, wenn Sie drauf bestehen, dann nehm ich sie also. Aber dann müssen Sie mich auch unterstützen, mich und mein Kind. Denn, wenn ich meine Schwiegermutter daheim hab, dann kann ich nicht mehr in die Arbeit gehen. Die braucht Pflege. Die dreht den Gashahn auf und vergißt zum Anzünden, die rennt auf die Straß und läßt alle Türen offen, die kann man doch keine Minute mehr allein lassen." Sie war ja schon eine hohe Achtzigerin. „Und recht boshaft ists obendrein", hab ich gesagt. Dann hat der Beamte gesagt: „Ja, wenn wir dann Sie auch unterstützen müßten –".

Meine Schwiegermutter hat ja auch nur eine ganz kleine Elternrente gehabt von dem einen Sohn, der Geistlicher war und an der Verletzung, die er sich im Ersten Weltkrieg geholt hat, gestorben ist. Sonst hat sie nichts gehabt. Ihr Mann war ja selbständig gewesen.

Ja, dann hat er plötzlich gesagt: „Ich hab da auch einen Bericht von dem Arzt dort, daß die Frau derart bös ist, daß man sie wahrscheinlich nach Haar tun muß, da ist eigens eine Abteilung, für alte Leute, die man sonst nirgends mehr haben kann."

Aber mich erst zwingen wollen, daß ich sie nehm! Erst wie sie Angst gehabt haben, sie müssen für mich zahlen! Und es war ja so: ich hätt wirklich nicht mehr in die Arbeit gehen können. Und was ich ausgehalten hätt! Nein, ich wär kaputt gangen, ich und das Kind. Sie ist dann in Kösching geblieben.

Wir haben sie dort noch ein paarmal besucht. Mir ist sie einmal nachgerannt im Hemd, weil sie heim wollt und ich gesagt hab: „Nein, das geht nicht." Da hat sie ihren Stock gepackt, ist aus dem Bett raus und wollt mich mit dem Stock hauen. Ich bin davongerannt auf die Straß naus. Da ist sie mir nach mit dem Stock in der Hand, im Hemd. Die Schwestern habens dann wieder eingefangen.

Ein knappes Jahr vor ihrem Tod hat sie sich auf einmal geändert. Neunundachtzig ist sie geworden. Wie ich sie wieder einmal besucht hab, da hat sie mich um Verzeihung gebeten, ganz von selber hat sie mich um Verzeihung gebeten für alles, was sie mir angetan hat.

Daß von ihren acht Kindern sieben tot waren und das letzte, mein Mann, vermißt, das hat sie alles genau gewußt.

Damals hat sie mir auch das Du angeboten, von sich aus. Bis dahin waren wir ja immer noch per Sie. Dann hab ich zu ihr gesagt: „Ist schon recht, Oma, reden wir nicht mehr drüber, was vorbei ist, ist vorbei."

Was kannst denn mit so einer alten Frau anfangen? Aber ich hab daheim gesagt: „Jetzt lebts nimmer lang." Und so war's auch, 's Jahr drauf ist sie gestorben, das war 1953.

Sie ist in Kösching begraben worden. Da war ich dort zur Beerdigung. Da hat der Pfarrer am Grab gesagt: „Sie war eine Heilige." Ich hätt ihm am liebsten eine geschmiert. Wahrscheinlich weil sie halt im letzten Jahr so fromm war. Der war vorher noch nicht dort, der hats erst im letzten Jahr kennen gelernt.

Nach meinem Herzanfall habens mir im Krankenhaus gleich gekündigt, nicht wegen Krankheit, sondern wegen „Personalabbau". Aber es hat sich nur um das gedreht, weil sie gemerkt haben, daß ich krank bin.

Damals hab ich einen Angina-pectoris-Anfall nach dem anderen gekriegt, einmal sogar im Arbeitsamt einen. Mein Arzt ist immer ganz schnell gekommen, wenn was war, der hat schon gewußt, daß es da pressiert.

Wie sie mir im jüdischen Krankenhaus gekündigt haben, bin ich aufs Arbeitsamt stempeln gegangen. Da hab ich eine nette Beamtin erwischt. Meine Tochter war ja noch in der Oberschule. Also die hat gesagt zu mir: „Geh'ns zu, Frau Praun, Sie sind jetzt schon fünfzig, sollen andere arbeiten, Sie haben sich schon genug geplagt", hats gesagt, „ich geb Ihnen Ihren Stempel so."

Und dann ist's aber doch zu lang geworden, gell. Dann hat sie eines Tages gesagt: „Heut hab ich was für Sie. Stellen Sie sich halt da einmal vor!"

Dann bin ich schweren Herzens heimgangen, hab meinen Hund packt, die Susi, und bin mit dem Hund hin zum Vorstellen.

Wie mich die gesehen haben, habens gleich gesagt: „Nein, wir haben doch extra im Arbeitsamt gesagt, wir brauchen eine große, kräftige Frau. Was tun wir denn mit Ihnen?"

Ich hab meinen Hund auf dem Schoß gehabt, ich hab mich nicht gerührt und gar nix. Wie die den Hund gesehen haben, hat es ihnen sowieso schon gestunken, gell. Dann haben sie mich nicht eingestellt. Dann hab ich weiter stempeln gehen können.

Ich wollt nur weiterstempeln bis meine Tochter das Abitur gehabt hat. Ich war aber kurz vorher schon in der Krisenunterstützung, also da hab ich alle Vierteljahr neu eingeben müssen.

Dann war einmal meine Beamtin nicht da, war sie in Urlaub, da hab ich zu einer anderen müssen, und die hat gesagt: „Was stellen Sie sich denn eigentlich vor? Jetzt stempeln Sie schon eineinhalb Jahr! Was glauben Sie denn, wie lang Sie noch stempeln können? Ihnen werd ich schon helfen, ich schick Sie jetzt." – Ich weiß nimmer, wo sie mich hingeschickt hat, zu irgend so einem Ausschuß hab ich müssen. Ich hab furchtbar Angst gehabt.

Da waren drei Damen drin in dem Ausschuß. Die haben mich allerhand gefragt, wie alt ich bin, was mein Mann ist, ob ich Kinder hab. Dann hab ich's ihnen halt erzählt, daß ich einundfünfzig bin, daß mein Mann vermißt ist und daß ich ein Kind hab, das jetzt vor dem Abitur steht.

„Was, die macht das Abitur?" Sag ich: „Ja." Dann habens gesagt: „Ach Gott, stempeln Sie ruhig weiter. Und wenn Ihre Tochter das Abitur hat, dann kommen Sie wieder, dann geben wir Ihnen eine Beihilfe, daß sie noch weiterlernen kann."

Das hätt ich eigentlich ausnützen sollen, aber ich hab es einfach so satt gehabt, das ewige Almosen. Meine Unterstützung wär nach dem Abitur von meiner Tochter sogar noch zwei Monat ohne Eingab weitergelaufen, da hab ich ihnen sogar noch die zwei Monat geschenkt. Ich hab einfach nimmer können. Ich hab da einfach nimmer hin können.

Meine Tochter ist dann gleich nach dem Abitur ins Büro, damit sie was verdient. Da hat sie am Anfang einhunderzweiundvierzig Mark netto bekommen beim Staat, weil sie ja keine Büroausbildung gehabt hat, nur Abitur. Da war sie aber glücklich über ihr erstes Geld.

1949 hab ich um die Kriegsopferrente von meinem Mann eingegeben. Vorher hab ich's übersehen gehabt, ich hab's nicht gewußt. Zeitung haben wir keine gehabt, das haben wir uns nicht leisten können. Die hab ich abbestellt, wie ich arbeitslos geworden bin. Dann hat mir's eine Frau gesagt, daß ich doch eingeben soll. „Gehns nur gleich hin!“ hats gesagt.

Dann hab ich also um die Rente eingereicht, und dann habens gesagt: „Mein Gott, daß Sie so spät kommen! Jetzt kriegen Sie's nur von dem Tag an, an dem sie eingereicht haben. Wenn Sie den Termin nicht übersehen hätten, hätten Sie's bis fünfundvierzig zurück gekriegt.“

Ich hab für meine Tochter und mich was gekriegt. Fürs Kind dreißig Mark im Monat, was ich für mich kriegt hab, weiß ich nimmer, ich glaub achtzig Mark. Es war halt zusätzlich was zum Arbeiten.

Es hat aber schrecklich lang gedauert, bis ich das Geld von der Kriegsfürsorge gekriegt hab. Dann bin ich einmal hin, weil ich schon so lang eingegeben gehabt hab und immer noch nix gehört hab, und sag: „Ich brauch jetzt unbedingt das Geld.“ Dann haben sie gesagt: „Wir haben so viel zu tun, wir kommen nicht dazu.“ Ich hab gesagt: „Ich brauch es dringend!“ Ich bin bis zum Oberregierungsrat und hab mich beschwert. Dann hat der gesagt: „Gehen Sie doch aufs Wohlfahrtsamt, wenn Sie ein Geld brauchen!“ Dann bin ich narrisch geworden. Hab ich gesagt: „Nein, das seh ich nicht ein. Weil mir das Geld da zusteht! Da geh ich nicht wohin, wo ich betteln muß.“ Hat mir der auch nicht geholfen.

Dann bin ich wieder runter und hab wieder mit einem am Schalter drüber geredet. Der war dann aber nett. Der hat ganz in der Näh gewohnt, in der Walserstraß, und der hat dann gesagt: „Wissens was, Frau, ich nehm's mit heim, ich rechne es Ihnen daheim aus, dann kriegen Sie's schneller.“ Und dann hab ich's auch bald kriegt, grad vor dem Abitur von meiner Tochter. Da war ich doch schon so lang arbeitslos.

Dann später, da hab ich eingegeben um die Rente aus der Invalidenversicherung von meinem Mann. Da hat mich auch jemand aufmerksam gemacht. Da hab ich ins Lehel müssen, da in die Näh, wo heut die Versicherungskammer ist. Um eine Waisenrente hab ich da eingegeben. Da war so ein netter Beamter, der hat gesagt: „Ja, da kriegen Sie selber ja auch eine Rente.“ Sag ich: „Was, ich auch?“ Sagt er: „Ja, ich geb Ihnen da einen Zettel, den füllen Sie aus!“

Dann gibt der mir einen Zettel. Dann schau ich mir den Zettel an. Dann sag ich: „Ja, mein Gott, da kenn ich mich nicht aus. Das weiß ich auch gar nicht alles.“ Dann hat er gesagt: „Gebens her, ich frag Sie aus und schreib's Ihnen nei.“

Dann hat der mir den Zettel ausgefüllt, und dann hab ich tatsächlich, das ist ganz schnell gegangen sogar, dann hab ich sogar eine Nachzahlung von tausendzweihundert Mark gekriegt. Da haben wir dann gleich Vorhäng kauft, weil wir doch gar keine Vorhäng mehr gehabt haben, schöne Vorhäng! Da waren wir glücklich.

Da hat mir dann aber gleich das Wohlfahrtsamt geschrieben. Weil: gleich nach dem Kriegsende, wie ich gar nix kriegt hab, bin ich aufs Wohlfahrtsamt gegangen. Ich hab mir denkt: „sollen die mir was geben. Den Mann habens mir genommen und geben tätens mir nix."

Dann hat mich das Wohlfahrtsamt drei Monate unterstützt. Narrisch viel war's sowieso nicht. Und dann hättens mich in die Arbeit geschickt. Ich weiß nicht mehr was, aber es hat mir nicht gepaßt. Ich hab mir denkt: „Meine Arbeit such ich mir selber." Das hab ich dann auch und hab auf die Unterstützung verzicht.

Und wie ich dann also die Rentennachzahlung kriegt hab, da hat mir's Wohlfahrtsamt gleich geschrieben, ich muß meine Unterstützung von damals retour zahlen.

Dann bin ich also nüber in die Franziskanerstraß und hab's retour zahlt. Wie ich schon zahlt gehabt hab, sagt der Mann an der Kasse: „Sagens einmal, was war denn das, was Sie jetzt da alles retour zahlt haben." Dann hab ich's ihm erklärt. Dann sagt der: „Mei Frau, hättens mir das doch gleich gesagt. Jetzt hab ich's schon abgelegt, jetzt kann ich's Ihnen nimmer geben, aber in Ihrem Fall hätten Sie das nicht zurückzahlen brauchen."

Da haben die das von mir zurückverlangt und hätten gar nicht dürfen. Aber da bin ich schon ein paar mal reingelegt worden vom Vater Staat.

Später einmal hab ich eine Rückzahlung leisten müssen, alle Monat zehn Mark. Da habens mir versehentlich zu viel Kriegsopferrente zahlt gehabt und sind hintennach draufkommen. Dann hab ich alle Monat zehn Mark weniger Rente kriegt. Und wie ich schon fast alles gezahlt gehabt hab, bis auf die letzten zehn Mark, da habens dann meiner Tochter, die hat da schon beim Staat gearbeitet, in der Bereitschaftspolizei, habens ihr gesagt, ich hätt das gar nicht zahlen müssen, weil das ja nicht mein Verschulden war. So nehmens sie's den armen Teufeln auch noch.

Wie meine Tochter dann verdient hat, ist es uns langsam besser gangen. Daß ich sie aufs Gymnasium geschickt hab, das haben die Leut alle nicht verstanden, die haben mich bloß dumm angeredet und haben sich das Maul zerrissen. Ich hab gesagt: „Ihr brauchts mir nix zu geben, und so lang ich nicht zu euch komm, geht's euch nix an."

Die haben gesagt: „Die soll arbeiten, die ist alt genug, und du tät'st dich dann leichter, und überhaupt ein Mädel! Was braucht denn die ein Gymnasium? Die heirat ja doch einmal!"

Wie's drum gangen ist, ob wir sie reintun ins Gymnasium, da war ich selber noch nicht sicher, aber wie sie schon einmal drin war – so bin ich komischerweise immer, wenn mal was ist, dann laß ich's nicht mehr aus. Und sie wollt ja auch unbedingt.

Außerdem: nach der sechsten Klass wollt ich sie ja raustun. Aber wir haben keinen Lehrplatz kriegt für sie. Das war 1949. Sie sollt Buchhändlerin werden. Zur Not hätt sie halt ins Büro müssen. Aber zu der Zeit war's noch schwer. Dann hab ich sie halt doch wieder in die Schul gehen lassen und sie war vielleicht froh, denn sie wollt ja nicht raus. Es war halt wegen dem Geld.

Das waren schlimme Zeiten. Ich möchts nicht nochmal durchmachen. Heut hätt ich die Kraft nimmer. Da war ich halt doch gute zwanzig Jahr jünger. Das war schon schlimm.

Auch nachdem meine Tochter das Abitur gemacht gehabt hat, war's noch schwer eine Stelle zu finden, damals war das mit den Arbeitsplätzen auch noch nicht so gut.

Sie hätt ja gern Germanistik studiert, aber es ist einfach nimmer gangen. Mit dreißig Mark Waisenrente, da hab ich sie doch nicht einmal füttern können, geschweige denn kleiden, und was sie sonst noch alles braucht. Wir haben ja auch überhaupt nix mehr gehabt, kein Geschirr, keine Bettwäsch, nix. Meine Kleider hab ich schon für sie umgearbeitet gehabt, jetzt hab ich auch nix mehr gehabt. Wie keiner was gehabt hat, war's nicht so schlimm, aber wenn man sieht, die anderen kleiden sich wieder und du selbst hast gar nix, dann geht's einfach nimmer.

Der Ziegler hat sie dann in die Bereitschaftspolizei gebracht. Der Ziegler hat im Innenministerium gearbeitet.

Bei der Bereitschaftspolizei hat's ihr überhaupt nicht gefallen, da war sie totunglücklich. Sie ist dann zum Jugendamt gangen, da hat's ihr besser gefallen. Sie hat aber inzwischen Schauspielunterricht genommen, das wollt sie eigentlich immer schon. 1957 ist sie dann ins Engagement.

Ich war nicht begeistert, daß sie Schauspielerin wird, weil ich halt was Sicheres wollt, gell, daß sie alle Monat ihr Gewisses hat, und weil das halt ein unsicherer Beruf ist.

Auf meinen Mann hab ich noch lang gewartet, denn da sind ja nach und nach immer wieder welche aus der Gefangenschaft gekommen, auch welche, von denen man gar nix gewußt hat. Ich hab immer wieder versucht, was zu erfahren. Aber die Kameraden die ich gesprochen hab, die aus der Gefangenschaft zurückgekommen sind, die haben alle gesagt, ich soll die Hoffnung aufgeben, der ist tot. Und einer hat mir dann erzählt: der Hager vom Verein Christlicher Junger Männer, mit dem mein Mann sich angefreundet gehabt hat, der hat Telefonkabeln legen müssen, und da ist gefragt worden, wer ihm hilft. Und da hat sich mein Mann freiwillig gemeldet, weil er ihn nicht im Stich lassen wollt. Und das war unter Feindeinsicht, hat der Kamerad gesagt, und nachher habens ihn nicht mehr gesehen. Der andere ist später wiedergekommen, er hat aber angeblich auch nicht gewußt, was aus dem Franz geworden ist.

Gekümmert hat er sich nicht um uns, oder wenigstens um das Kind von seinem Freund, der ja wahrscheinlich wegen ihm umgekommen ist. Gar nichts. Geweint hat er um meinen Mann, das war alles. Uns ist es dreckig gangen, und der hätt was tun können für uns, der hat Beziehungen gehabt. Versprochen hat er's auch, daß er uns hilft. Aber er hat uns im Stich lassen.

Ins Rote Kreuz bin ich und hab nach meinem Mann gefragt. Die haben auch gesagt, ich brauch mir keine Hoffnung mehr machen. Die im Büro hat gesagt: „Mein Mann ist auch vermißt, ich hab auch keine Hoffnung mehr." Dann hat einmal wer gesagt, übers russische Rote Kreuz muß man nachfragen. Aber die anderen haben gesagt: „Das gibt es gar nicht, das ist ein Geschwätz!"

Ich hab mich fast nimmer auf die Straß traut, weil mich die Leut immer nach meinem Mann gefragt haben, immer, das war schlimm. Mich hat das ganz fertig gemacht.

In der Nacht, wenn draußen Holzschuh vorbeigangen sind, war ich schon wach, hab ich mir denkt: „Jetzt kommt er!" Weil: die aus Rußland sind mit Holzschuhen zurückkommen.

Und einmal, bei der Nacht um zwölf, sind auch Holzschuh vorbeiklappert, und ich hab gehorcht: „Jetzt könnt er's sein, jetzt könnt er's sein!" Und derweil läutet's bei mir! Ich bin aber nicht gleich an die Tür, sondern hab zum Fenster nausgeschaut. Da ist wirklich ein Soldat vor der Haustür gestanden. Mir ist gleich das Herz stehen geblieben. „Jetzt ist er's, jetzt ist er's!", hab ich mir denkt. Dann hab ich aber nochmal gerufen: „Was ist denn los? Was möchtens denn?" Derweil war's ein Fremder, der hat in den zweiten Stock nauf wollen zu Webers. Und läutet bei mir! Wenn er wo anders geläutet hätt, nirgends hat der Mann gefehlt, ich war die einzige im Haus, und bei mir läutet er! Das vergeß ich nie mehr, was das für eine Enttäuschung war.

Einmal hat mir träumt, daß er einen Schuß kriegt hat, da hab ich ihn taumeln sehen und weiter hab ich nix mehr gewußt. Dann hab ich mir aber denkt: „Na ja, das bildet man sich ein, weil man natürlich ständig daran denkt."

Die aus Rußland heimkommen sind, die haben furchtbar ausgeschaut. Die haben alle Wassersucht gehabt. Da sind dann viele nachher noch gestorben. Wenn denen die Frauen was Gescheites gekocht haben, habens sie's nimmer vertragen, die haben erst ganz langsam wieder ans Essen gewöhnt werden müssen. Die haben so – Hungerödem, glaub ich heißt das – die Wassersucht gehabt, die vom Hunger kommt.

Tot erklären hab ich meinen Mann nie lassen, weil – das hätt bloß alles wieder aufgerissen und rausgeschaut hätt doch nix. Die Hinterbliebenenrente hab ich so auch kriegt. Ein bisserl ein Sterbegeld hätt ich kriegt, auf das hab ich verzichtet. Aber sonst – und ich hätt nie mehr geheiratet, nein, das wär überhaupt nicht in Frage gekommen.

1957 hab ich dann das erste Mal um meine eigene Invalidenrente eingeben, wegen der Herzanfälle. Ich habs aber nicht kriegt. Sie haben gesagt, ich bin noch fähig halbtags zu arbeiten.

Der Verband der Kriegsbeschädigten hat mir einen Anwalt gestellt, aber der hat überhaupt nix getaugt. Da hat es geheißen, der Anwalt spricht am Tag vorher mit mir. Dabei hat sich der gar nicht sprechen lassen, den hab ich erst bei der Verhandlung zu sehen gekriegt, und da hat er auch bloß ein Wischiwaschi geredet, so daß der Richter ihn als glatt über den Haufen gefahren hat. Da war ein Student, der hat für sich selber geredet, und der hat Recht kriegt. Ich hätt in die Berufung gehen sollen, haben alle gesagt, aber ich war so fertig.

XVII. EPILOG
oder:
DAS KANN DOCH NICHT GUT GEHEN,
DASS ES DIR SO GUT GEHT

Heute – ich muß wirklich sagen, heut bin ich ja ganz gut gestellt. So gut ist's mir noch nie gangen. Aber mein Mann hat's Leben dafür lassen müssen.

Selber hätt ich ja sehr wenig Rente, ich glaub zweihundert Mark, mehr nicht. Ich hab mein Leben lang geklebt, aber halt sehr niedrig. Mit den zweihundert Mark könnt ich nicht leben, aber durch die Invalidenrente von meinem Mann und die Kriegsopferrente, ich muß wirklich sagen, so gut ist's mir finanziell noch nie gangen.

Ich bin voriges Jahr umgezogen, weg von Haidhausen nach Nymphenburg. Da haben sich alle gewundert, daß ich das kann. Aber ich muß sagen, es macht mir gar nichts aus, obwohl ich doch fast mein ganzes Leben in Haidhausen war.

Ich hab jetzt so eine schöne Wohnung, sowas hab ich ja mein ganzes Leben noch nicht gehabt, mit Balkon! Wo ich doch von Kind auf immer von einem Balkon geträumt hab, und jetzt! Also jetzt hätt ich nicht mehr gerechnet, daß ich noch einmal einen Balkon krieg, und jetzt hab ich einen, und einen extra schönen noch dazu. Auf meine alten Tag! Ich bin jetzt dreiundsiebzig.

Wo ich zuletzt gewohnt hab in Haidhausen, das war arg primitiv, das Klo im Stiegenhaus und so. Wenn man da mal raus muß in der Nacht und im Winter! Auch das Wasser im Gang draußen. Ich hab schon zu meiner Tochter kommen können zum Baden, aber mei, jetzt hab ich halt alles in meiner eigenen Wohnung!

Ich hab auch schon große Reisen gemacht, nach Florenz, nach Mallorca, an die Costa del Sol und nach Dubrovnik. Und mein Mann hat sein ganzes Leben davon geträumt, daß er einmal nach Italien fahren kann, aber hingekommen ist er nie.

Bei der Theatergemeinde bin ich auch wieder, wie früher.

Ich hab jetzt einen neuen Bekanntenkreis. Die Frau Kapitän Huber ruft fleißig an. Über Politik darf man halt nicht reden mit ihr. Die ist im Soldatenbund. Das muß ein Verein sein! Die haben lauter Achtzigjährige im Vorstand. Ihr Mann war schwerer Nazi, und sie bringt auch oft so Sachen daher. Also darüber darf man nicht reden mit ihr, das hat keinen Zweck. Sonst ist sie ja sehr nett.

Ich bin seit 1947 im VdK, das ist dieser Verein für Kriegsbeschädigte und Hinterbliebene. Als Verband haben die schon was geleistet, wir hätten sonst die Renten nicht, die hätten ganz schön Schindluder trieben mit uns.

Ich hab auch einmal bei einem Protestmarsch in München mitgetan. Durch die Sonnenstraß sind wir marschiert, weils uns wieder ausschmieren wollten. Die Versehrten mit Rollstühlen und auf Krücken sind auch mit.

Die CDU-Regierung damals – also heut reden sie so, aber so lang sie selber an der Regierung waren, haben sie nix getan für uns – die haben uns die Renten nunterdruckt, wo's nur gangen ist.

So wenig ich mich sonst für Politik interessiert hab, da hab ich angefangen aufzupassen, auch wie das so geht mit erster, zweiter und dritter Lesung im Bundestag. Wenn die Leut oft gesagt haben: „Gell, wir kriegen mehr Rente!", dann hab ich gesagt: „Das ist noch nicht raus, das muß erst noch durch ein paar Lesungen." Die haben sich da alle nicht auskennt.

In die Kirch geh ich gar nimmer. Das hab ich ganz aufgegeben.

Jetzt tät ich mir halt wünschen, daß ich noch ein paar Jahr in meiner schönen Wohnung leben kann. Aber manchmal ist mir direkt unheimlich, daß es mir jetzt auf einmal so gut geht. Manchmal denk ich: „das kann doch nicht gut gehen, daß's dir so gut geht."

Wenn die Leut sagen, früher war alles besser, das ist ja gar nicht wahr. Wenn ich so zurückdenk, grad ich, wo ich von Arbeitern abstamm, ich weiß das doch genau! Dem Arbeiter ist's früher viel schlechter gangen. Wenn ich denk: meine Mutter hat keine Witwenrente kriegt, hat keine Waisenrente kriegt für uns, nix, gar nix. Ach, das ist gar kein Vergleich, gar kein Vergleich!

Wie ich neulich am Nymphenburger Schloß spazieren gangen bin, da hab ich mir denkt: „Das tolle Schloß, daneben noch ein Haufen kleiner Schlösser, das ist ja alles wunderschön, aber das hat alles das Volk zahlt mit der Steuer." Und wenn man denkt, was für einen Haufen Fürsten es früher gegeben hat, und jeder hat baut auf Teufel komm raus, und das Volk hat zahlt.

Und dann noch die Kirchen und die Klöster, die haben doch auch so einen Prunk entfaltet, und alles zahlt das Volk!

Heut – natürlich gibt's auch heut noch alte Leut, denen es schlecht geht. Ich hab halt ein besonderes Glück gehabt, das muß ich ehrlich sagen. Zum Beispiel drüben, die Frau Eglinger, ich glaub die war vierzig Jahr in einer Firma als Blumenbinderin, und die kriegt jetzt so wenig Rente, daß noch das Wohlfahrtsamt draufzahlen muß. Sowas ist nicht richtig, das dürft's nicht geben.

Aber allgemein: für die kleinen Leut ist's heut besser als früher. Manches freilich war ein bißl schöner, ruhiger halt, aber auch viel beschränkter.

Und dann: man ist früher mit so einem ungeheuren Respekt vor der Obrigkeit erzogen worden, und wenn man mit gar so viel Respekt erzogen wird – man legt's ja später nicht ab, das legt man nie mehr ganz ab. Geht's mir ja heut noch so, daß ich Mordsschiß hab, wenn ich auf eine Behörde muß oder so. Ich mein nimmer so wie früher, aber im Grund genommen – also ich muß schon eine Mordswut haben, damit ich auch mal 's Maul aufreiß. Aber das ist einem so eingeimpft worden. Früher, daß man sich da aufgelehnt hätt – im Gegenteil! Man war ja so erzogen! „Der Obrigkeit muß man gehorchen, gell, die Obrigkeit ist von Gott eingesetzt." Das hat man gefressen.

Nein, nein, ich sag's ehrlich: Ich möcht nicht tauschen mit der früheren Zeit!

Ein halbes Jahr nach diesem letzten Interview starb Josefa Halbinger an Magenkrebs. Ihr Arzt hatte sie über ein Jahr lang auf Gastritis behandelt.